꼼꼼한 홈베이킹

PREFACE

어릴 적부터 빵을 무척이나 좋아해 슈퍼에서 산 봉지 빵을 흰우유와 맛있게 먹고, 빵에 들어있던 스티커를 모으던 추억이 있습니다. 또한 빵에 대한 호기심으로 빵집에서 아르바이트도 해보았지만, 제빵사의 길은 여성이 직업으로 갖기에는 육체적으로 힘이 들고 왠지 남자의 영역인 것 같아 그냥 사먹는 것으로 만족했습니다.

결혼 후 회사를 그만 두면서 시간적 여유가 생겼고, 제과제빵을 취미로 배워보고 싶다는 생각에 가정용 오븐과 책 한권을 구입해 집에서 만들기 시작했습니다. 그 당시 홈베이킹이 사회적으로 큰 인기를 끌면서 독학으로 제과제빵을 할 수 있는 기반이 시작되고 있었던 터라 저도 탄력을 받고 즐겁게 시작할 수 있었습니다.

일상을 기록으로 남기는 것을 좋아해 집에 있는 자동카메라로 사진을 찍고 글을 올리며 블로그도 시작했습니다. 베이킹 자체도 즐거웠지만 내가 만들어 올린 미숙한 빵, 과자 레시피가 블로그를 통해서 많은 사람들과 소통하고 공유할 수 있다는 점도 너무나 신기하고 재미있었습니다. 단순한 취미정도로 생각하고 베이킹을 시작했지만 전문적으로 제과제빵을 배웠던 것이 아니라 곧 실력의 한계를 느끼게 되었습니다. 그리고 '왜... 무엇 때문에 누구를 위해서 베이킹을 하고 있는 건가?' 라는 의문점에 들면서 고민에 빠졌습니다. 의문에 대한 답을 찾을 수 없었고, 실력도 늘 제자리인 것 같아 베이킹을 그만두고 싶어졌습니다. 나보다 잘하는 사람들을 보면 자신감도 없어지고 질투심마저 들었습니다. 결국 베이킹에 재미가 없어지면서 시들시들해지고 슬럼프에 빠져 그만두었습니다. 슈가크래프트라는 설탕공예를 배우면서 1~2년 정도를 제과제빵을 잊고 지냈습니다. 하지만 시간이 흐르고 제과제빵이 다시 간절히 하고 싶어졌습니다.

제과제빵을 다시 시작하려니 쉬었던 동안 수준이 예전보다 많이 올라갔고 유행도 많이 변해있었습니다. 기술이나 테크닉이 전문적인 레벨로 업그레이드가 되었고 대중들의 눈도 상당히 높아져있었습니다. 디저트 시장도 급성장하고 제과제빵을 가르치는 전문학원이 문전성시를 이루고 있었습니다. 예전과 크게 달라진 분위기에 조바심을 느꼈지만, 예전처럼 책을 구입해서 차근차근 공부하고 만들어보았습니다. 유행이나 인기에 상관 않고 '내가 좋아하는 스타일로 맛을 추구 하자'라는 뚜렷한 목표도 생겼습니다. 목표가 생기니 더 이상 방황하지 않고 열정을 다해 만들고 공부할 수 있었습니다. 예전에 느끼지 못했던 보람과 성취감도 느꼈습니다. 남들의 기술을 질투하며 따라가기 급급했던 예전의 흉내 내기 베이킹이 아니라 진정 내가 좋아하는 맛과 스타일을 추구하니 너무 즐겁고 행복했습니다.

지금도 제 스타일을 찾아가는 중이고 많은 시행착오와 경험을 통해 공부하는 중입니다. 여전히 실패를 경험하고, 만들어놓은 제품을 먹어줄 사람이 없어 아깝지만 버리기도 합니다. "맛이 없다.", "너무 달다.", "딱딱하다." 등의 쓴 소리도 많이 듣지만, 실패와 시행착오를 겪지 않고서는 공부가 되지 않는다고 생각합니다. 그동안의 노력과 시행착오와 실패를 바탕으로 한 권의 책을 만들었습니다. 어떤 평가를 받을지 두렵기도 하고 걱정도 되지만 설레기도 합니다. 저처럼 혼자 책을 보면서 제과제빵을 하시는 분들께 많은 도움이 되었으면 합니다. 실패를 두려워하지 말고, 많이 만들어보고, 직접 몸으로 느껴보시길 바랍니다. 성공보다 쓰디 쓴 실패가 더 많은 공부가 되니까요.

CONTENTS

Part 1 베이킹 BASIC

Part 2 절대 실패하지 않는 브레드

Part 3 절대 실패하지 않는 쿠키와 과자

Part 4 절대 실패하지 않는 머핀과 파운드케이크

Part 5 절대 실패하지 않는 케이크와 타르트

Prologue

꼼꼼한 재료 소개

베이킹에서 주로 사용하고 있는 재료를 소개합니다. 노력과 비용이 들더라도 질 좋은 재료를 사용해야 제대로 된 맛있는 제과제빵을 할 수 있습니다. 재료의 특성에 대해 잘 알고 있어야 실패의 확률을 줄일 수 있으니 본격적으로 만들기 전에 꼭 확인하길 바랍니다.

밀가루

밀가루는 글루텐 함량에 따라 강력분, 중력분, 박력분으로 나뉜다. 빵을 만들 때에는 주로 단백질이 많은 강력분, 쿠키나 케이크는 단백질이 적은 박력분을 사용한다. 강력분은 입자가 거칠고, 보슬보슬하고, 글루텐이 잘 형성되어 탄력 있고 쫄깃쫄깃한 식감으로 만들어진다. 얇고 균일하게 뿌리기 쉬워 덧가루로 쓰인다. 박력분은 입자가 고와서 잘 뭉쳐지고, 글루텐이 형성되기 힘들어 탄력성이 별로 필요 없는 과자나 스펀지케이크 등에 주로 사용한다.

통밀가루와 호밀가루

호밀가루는 맥주와 위스키 등의 술 재료로 쓰이는 호밀을 빻아 만든 것으로 글루텐을 형성하지 못해 단독으로 사용하기 어렵지만, 섬유질이 풍부하고 칼로리가 낮아 건강에 좋고 고소하다. 통밀가루는 겉껍질과 배아를 벗기지 않고 알곡을 통째로 빻은 것으로 연한 갈색을 띠며 풍미와 영양이 뛰어나다.

◀ 호밀가루

통밀가루 ▶

옥수수전분(콘스타치)

옥수수전분은 콘스타치(cornstarch)라고도 하는데, 옥수수 낟알의 배유부분을 갈아서 만든 고운 가루로 글루텐이 없다. 가볍고 부드러운 질감을 갖고 있어 쿠키에 넣으면 바삭한 식감을 내고, 케이크에 넣으면 부드럽고 가벼운 느낌이 된다.

베이킹파우더와 베이킹소다

케이크나 쿠키를 부풀리는 화학 팽창제로 베이킹파우더와 베이킹소다를 사용한다. 베이킹파우더는 위로 부풀게 하는 성질이 있고, 베이킹소다(식소다로 표기되기도 함)는 옆으로 퍼지게 만드는 성질이 있다. 정량보다 많이 넣을 경우, 쓴맛이 생기므로 정확하게 계량하고 반드시 밀가루와 섞어 체에 내려 사용한다. 베이킹파우더와 베이킹소다는 사용조건과 방법이 달라 서로 대체해서 사용할 수 없으므로 주의한다.

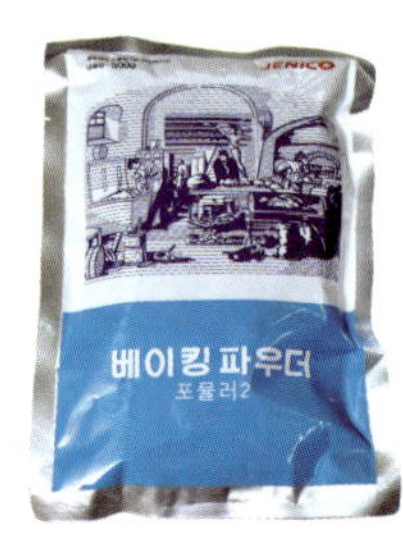

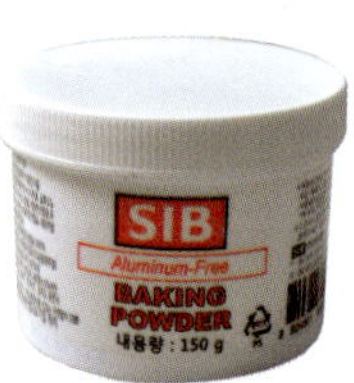

아몬드가루

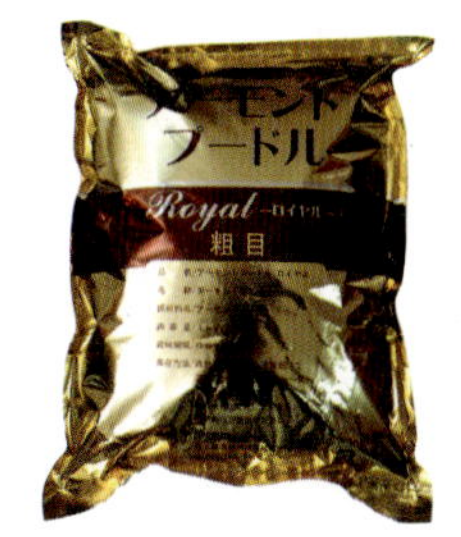

껍질 벗긴 통아몬드를 갈아 가루로 만든 것으로 밀가루와 함께 쓰이며 고소한 맛을 낸다. 마카롱의 유행으로 질 좋은 아몬드가루에 대한 관심이 높아져 여러 종류의 시판제품이 있다. 가루에 포함된 기름 성분 때문에 반드시 체 쳐서 사용한다. 책에서는 미국산 캘리포니아 아몬드가루를 사용하고 있으며, 고소한 아몬드 풍미를 위해 귀찮더라도 조금씩 자주 구입해서 신선한 아몬드가루를 사용하도록 한다.

견과류

제과제빵에서 많이 쓰이는 견과류는 호두, 아몬드, 피칸 등이다. 견과류는 반드시 프라이팬이나 오븐에 살짝 구워 전처리해서 고소한 맛을 살려 사용한다. 사용하기 전에 기름에 찌든 냄새가 나는지를 확인해 신선한 상태의 견과류를 사용하도록 한다.

이스트

이스트는 빵을 부풀 수 있게 하는 효모로 크게 생이스트, 드라이이스트, 인스턴트 드라이이스트 3종류가 있다. 생이스트는 보존 기간이 2주 정도로 짧아 불편하지만, 맛과 발효향이 좋아 소규모 제과점에서 많이 사용한다. 책에서 사용하는 이스트는 인스턴트 드라이이스트로 전처리 없이 바로 반죽에 넣어 사용할 수 있어 편리하다. 개봉 후에는 완전밀폐해서 냉장 또는 냉동 보관하면 오래 보관이 가능하다.

설탕

설탕은 제과제빵에 있어 중요하고 기본이 되는 재료이다. 단맛을 낼뿐만 아니라 반죽을 구웠을 때 맛, 색감, 식감에 영향을 준다. 반죽에서 설탕이 잘 녹지 않으면 공기를 함유한 상태가 좋지 않거나 무거운 반죽이 되기도 하고, 구웠을 때 식감이 떨어지는 등 원하는 질을 얻을 수 없다. 굵은 설탕을 사용할 때에는 푸드 프로세서나 분쇄기에 곱게 갈아 사용한다. 책에서는 기본적으로 흰 설탕을 사용하고 있으며, 종종 필리핀에서 생산된 사탕수수를 전통 방법으로 가공한 머스코바도 설탕을 사용하기도 한다. 정제하지 않아서 미네랄 등의 풍부한 영양소가 살아있고 특유의 풍미가 있어서 고급스러운 맛을 낸다.

분당(슈거파우더)

분당은 설탕을 미세한 가루상태로 만든 것으로 방습을 위해 전분을 3~5% 첨가한 제품과 100% 설탕으로 만든 제품 두 가지가 있다. 전분 함량이 높은 분당일수록 마카롱을 만들 때 표면에 금이 가는 현상이 있을 수 있으므로, 100% 설탕으로 만든 분당을 사용할 것을 권하고 싶다. 전분이 섞인 분당은 수분 흡수 정도가 덜하기 때문에 덩어리지지 않아 사용하기는 편리하다. 분당은 설탕 중 수분 함량이 가장 적어 바삭한 맛을 내야 하는 쿠키에 자주 사용되며 쿠키나 케이크를 장식할 때에도 사용한다.

달걀

달걀은 완전단백질식품으로 영양적 가치가 높으며, 제과제빵 시 사용할 달걀은 작업 전에 미리 실온에 놓아 두어 차가운 기를 없애고 사용하도록 한다.
흰자는 60℃를 넘으면 반숙, 75~80℃에서 응고하고, 노른자는 65℃ 정도에서 응고가 시작되어 70℃에서 거의 응고한다. 설탕을 넣으면 잘 응고되지 않는데 그 이유는 단백질의 변성을 억제하는 성질이 있기 때문이다.
달걀을 휘저어서 공기를 넣어 거품을 내면 반죽을 부풀게 하고 폭신폭신한 느낌을 준다. 신선한 저온의 달걀은 거품을 내기 힘들지만 안정된 거품이 생긴다. 달걀의 온도를 중탕 등으로 올리면 탄력성이 약해져 풍성한 거품을 내기 쉬우나 꺼지기 쉽다.
노른자는 유지를 함유하고 있어서 흰자만큼 거품이 잘 나지 않지만, 천연유화제인 레시틴이 들어있어 버터나 기름을 잘 섞이게 하는 역할을 한다.

크림치즈

크림치즈는 우유와 생크림으로 만들고, 숙성되지 않아 맛이 부드럽고 매끄럽다. 짠맛 나는 일반치즈와 달리 약간 신맛이 나면서 끝 맛이 고소하다. 빵에 발라 그냥 먹기도 하며 머핀, 파운드케이크, 치즈케이크 등을 만들 때에도 사용한다.

버터

버터는 우유의 유지방을 분리해 크림을 만들고, 세게 휘저어 엉기게 한 후 응고시켜 만든 것으로 책에서 사용하는 버터는 소금을 넣지 않은 무염 버터를 기준으로 하고 있다. 우유에서 분리한 크림에 젖산균을 넣고 발효하여 만든 발효 버터도 많이 쓰이는데, 상쾌한 맛과 향이 있고, 산도가 높으며 주로 유럽에서 많이 먹는다. 버터는 회사에 따라서 조금씩 특징이 다른데 취향과 용도에 따라 선택하면 된다.
버터는 과자를 만들 때 자유롭게 모양을 만들 수 있게 한다. 밀가루 속에서 얇은 막의 형태로 퍼져 나가 글루텐을 잘게 분리하는 성질도 있어서 바삭바삭한 식감을 만든다. 휘저어 섞으면 대량의 공기를 머금는 성질도 있다.
버터의 온도가 0℃에 가까울 때는 지방 알갱이가 수분과 함께 안정된 상태를 유지하지만 실온에 두면 지방 알갱이가 떨어져 부드러워진다. 버터를 녹이면 수분이 분리되고 지방 알갱이로 산산이 흩어져 불안정한 상태가 된다. 한 번 녹은 버터는 다시 식혀서 굳혀도 원래의 성질을 발휘할 수 없으므로 주의한다. 버터는 같은 크기로 잘라서 사용하면 편리하다.

생크림

생크림은 우유에서 유지방만을 분리한 것으로 케이크를 장식하거나 반죽 속에 넣어 고소한 풍미를 더할 때 사용한다. 생크림은 100% 우유의 유지방으로 만든 동물성 생크림과 콩 등에서 식물성 기름을 추출하여 만든 가공 크림인 식물성 생크림이 있으나 풍미와 맛을 위해 동물성 생크림을 많이 사용한다. 국산 동물성 생크림은 유지방 함양이 35%인 제품과 45%인 제품이 있는데 45% 제품이 좀 더 고소하고 풍미가 진한 차이점이 있다.

초콜릿

제과제빵에서 사용하는 초콜릿은 가공되지 않은 제과용 커버추어 초콜릿을 사용하며, 초콜릿의 종류에는 다크, 밀크, 화이트 초콜릿이 있다. 큰 덩어리일 경우에는 일일이 칼로 다져서 사용하며, 작은 크기의 초콜릿은 그냥 사용할 수 있다. 책에서 다크 초콜릿은 깔리바우트 제품을, 화이트 초콜릿은 발로나 이보아르 제품을 사용하고 있다.

리큐르

리큐르는 술의 일종으로, 제과제빵 시에 사용하면 잡냄새를 잡아주고 고급스러운 풍미를 주기 때문에 여러 가지 종류를 사용하고 있다. 리큐를 만들 때 일반적으로 많이 사용하는 술은 사탕수수로 만든 럼주, 오렌지술(쿠앵트로, 그랑마니에), 커피술(깔루아), 체리술(키르슈) 등이 있다.

바닐라빈과 바닐라 향료

바닐라빈은 난초과의 덩굴식물 열매로 특유의 달콤한 향과 함께 풍부한 바닐라 향을 가지고 있다. 제과분야에서는 바닐라 향이나 풍미를 내기 위해서 바닐라빈의 씨앗이나 껍질을 많이 이용하고 있다. 일반적으로 많이 쓰이는 바닐라빈은 마다가스카르산으로 몸통이 통통하고 촉촉하며 말랑한 것이 좋은 바닐라빈이다. 바닐라빈 이외에 바닐라 오일이나 바닐라 에센스, 바닐라 설탕 등이 있다. 바닐라 자체의 고급스러운 풍미를 느끼려면 바닐라빈을 사용하는 것이 좋다.

꼼꼼한 도구소개

제과제빵하면서 기본적으로 필요한 도구를 소개합니다.

오븐

오븐은 제과제빵하면서 가장 중요한 도구로 요즘은 가정에서도 대용량으로 구울 수 있는 큰 오븐을 선호하는 사람들도 많다. 가정용으로는 전자레인지 정도 크기의 전기 오븐이 유용하며, 선물용으로 많이 굽는다면 용량이 좀 더 큰 오븐도 좋다. 오븐 예열은 굽는 온도보다 10~20℃ 정도 높게 설정해서 미리 뜨겁게 예열해두었다가 제품을 굽는다. 예열 중인 오븐 문을 열면 10~20℃는 금방 떨어지기 때문으로 제품을 넣은 다음 굽는 온도를 새로 맞춰 구우면 된다.

핸드믹서기

손거품기로 작업을 대신할 수도 있지만, 버터나 크림치즈를 부드럽게 풀어줄 때나 달걀, 생크림, 머랭 등을 거품 낼 때 빠르고 힘들지 않게 작업이 가능하므로 힘이 좋은 300와트의 핸드믹서기 사용을 추천한다.

전자저울

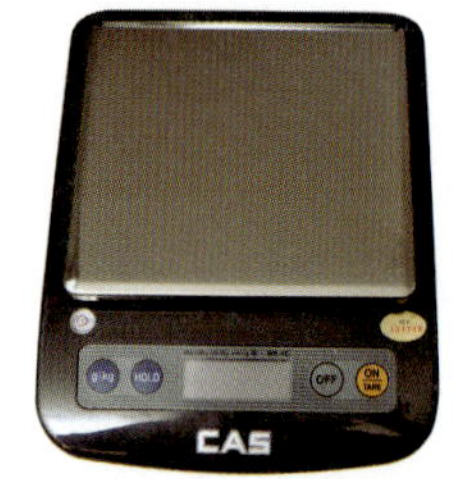

제대로 된 제품을 만들기 위해서 전자저울은 필수이다. 1g 단위로 측정가능하며 3kg 또는 5kg까지 젤 수 있는 저울이 좋다.

믹싱볼

믹싱볼은 반죽 재료를 섞거나 거품을 내거나 하는 등의 용도로 사용하며, 스테인리스 재질로 가볍고 폭이 넓지 않은 깊은 볼을 사용한다. 크기별로 구비해 놓으면 반죽의 양에 따라 편리하게 선택할 수 있다.

실리콘 주걱

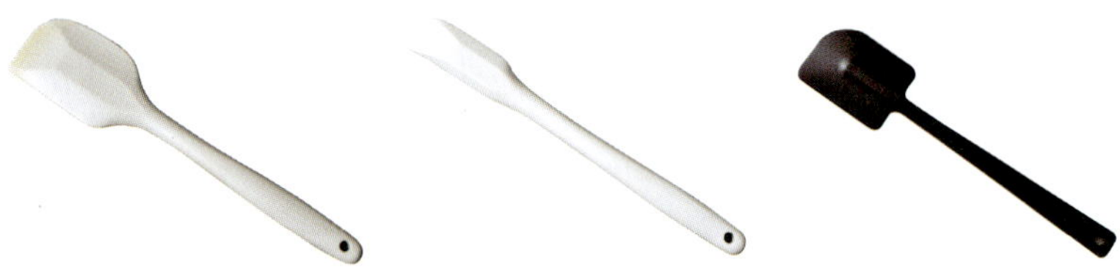

반죽과 재료를 잘 섞어주기만 해도 베이킹 성공의 지름길이다. 열에 강하고 탄력이 있는 일체형 실리콘 주걱이 좋다.

손거품기

보통은 핸드믹서기를 사용하지만, 반죽 양이 적거나 달걀이나 버터를 가볍게 풀어줄 때 사용한다.

붓

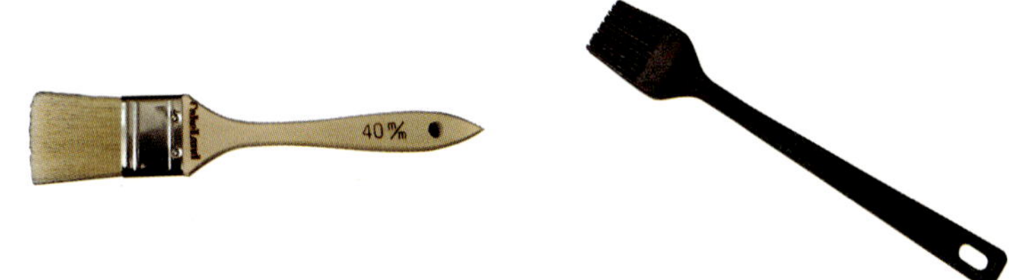

달걀물이나 시럽, 잼, 녹인 버터 등을 바를 때, 덧가루를 털어 낼 때 사용한다.

체

체는 밀가루의 불순물을 걸러 없애거나 밀가루 안에 공기를 넣어주는 역할을 한다. 발이 촘촘한 것부터 넓은 것이 있는데 조금씩 쓰임새가 다르니 둘 다 구비하는 것이 좋다. 작고 촘촘한 체는 분당이나 시나몬가루를 조심스럽게 뿌릴 때 유용하다.

스크래퍼

스크래퍼는 빵 반죽을 자르거나 차가운 버터를 작게 자르면서 밀가루와 섞어줄 때 또는 짤주머니에 담은 반죽을 한곳으로 모아줄 때 사용한다.

유산지와 테프론시트

오븐팬이나 틀에 깔아 반죽이 잘 분리되도록 하는 역할을 한다. 테프론시트는 열에 강하고 세척이 가능해 재사용할 수 있어 실용적이다.

밀대

쿠키, 타르트, 빵 반죽을 평평하게 펴거나 늘릴 때 사용한다.

온도계

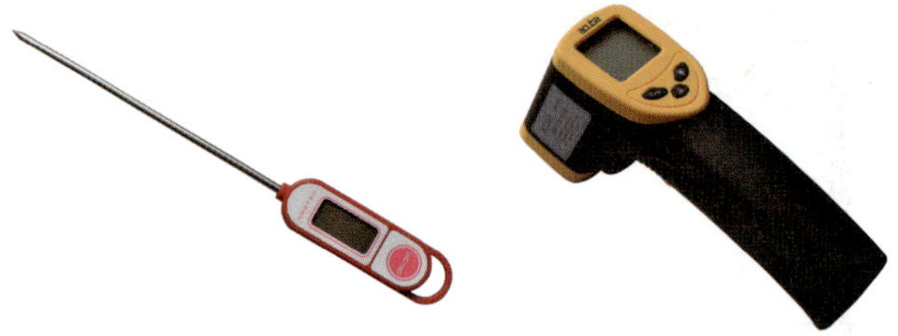

녹인 버터나 앙글레즈 크림 등의 온도를 재거나 발효시킨 반죽의 온도를 잴 때 사용한다.

빵칼

식빵을 자르거나 케이크를 얇게 슬라이스 할 때 사용한다. 일반 칼과 달리 톱니 모양이라 부드러운 케이크 시트도 어렵지 않게 자를 수 있다.

식힘망

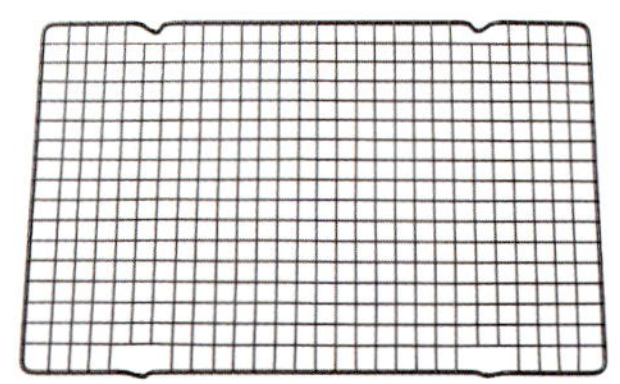

오븐에서 갓 구워져 나온 뜨거운 쿠키나 케이크 등을 식힐 때 사용한다. 열기를 빨리 식혀주고 바닥 부분에 수분이 생겨 눅눅해지는 것을 막아준다.

식빵틀

식빵을 구울 때 사용하는 틀로 팬 내부 바닥에 가스 분출구가 있다.

머핀틀과 파운드틀

원형틀과 사각틀

일반적으로 가장 많이 사용하는 기본 틀로 스펀지케이크나 버터케이크, 브라우니 등을 구울 수 있는 틀이다. 원형틀은 지름에 따라 1호(15cm), 2호(18cm), 3호(21cm), 4호(24cm)로 구분되며 보통 지름 18cm틀을 가장 많이 사용한다.

머핀틀은 틀 안에 유산지컵을 넣고 반죽을 넣어 굽는 틀로 6구와 12구가 일반적이다. 파운드틀은 유산지를 재단해서 깔아준 다음 반죽을 넣고 굽는다. 책에서는 가늘고 기다란 모양의 파운드틀을 사용한다.

타르트틀

타르트틀은 원형이나 사각, 하트 모양이 있고 테두리 부분에 주름이 잡혀있는 모양이 일반적이다. 지름 18~20cm 타르트틀을 가장 많이 사용하며, 구워진 제품은 부서지기 쉽기 때문에 밑부분이 분리되는 타르트틀이 편리하다.

치즈케이크틀

치즈케이크를 중탕으로 구울 때 쓰는 알루미늄 재질의 전용 틀로 열전도율이 높아 부드러운 치즈케이크를 만들 수 있다.

카스텔라틀

카스텔라는 밑면이 뚫린 전용 나무틀에 구워야 식감이 촉촉하고 모양도 시판제품과 비슷하게 완성된다. 일반 틀은 열이 빨리 전달되어 나무틀에서 굽는 것만큼 부드럽고 촉촉하게 구워지지 않는다.

마들렌틀과 피낭시에틀

마들렌틀은 조개 모양의 틀로 작고 귀여운 모양이라 선물용으로 좋다. 피낭시에틀은 일반적으로 금괴 모양을 사용하나 책에서는 타원형을 사용하고 있다.

주방장갑

뜨거운 오븐에서 철판이나 틀을 꺼낼 때는 손에 두꺼운 장갑을 끼고 조심스럽게 꺼내야 한다. 오븐은 제품을 굽는 온도가 높으므로 늘 화상에 주의해야 한다.

모양깍지와 짤주머니

크림을 짤 때나 쿠키, 머핀, 마카롱, 슈 반죽을 짤 때 사용한다. 모양과 크기가 다양하므로 자주 사용하는 원형이나 별 모양 등 몇 가지 종류만 갖추면 된다. 짤주머니는 여러 번 씻어서 오랫동안 사용할 수 있는 천 재질과 한 번만 쓰고 버리는 1회용 비닐 짤주머니가 있다.

꼼꼼한 베이킹 용어 설명

제과제빵을 하다보면 낯선 용어와 표현을 접하게 됩니다. 처음에는 생소하고 어렵게 느껴지겠지만, 계속 접하다보면 익숙해지고 점차 이해하게 됩니다. 알아두면 편한 기본 용어를 알려드립니다. 정확한 준비가 성공의 지름길입니다.

분량 외

재료 안내에는 기재되어있지 않지만, 만들면서 사용되는 재료를 의미한다.

미리 오븐을 예열한다.

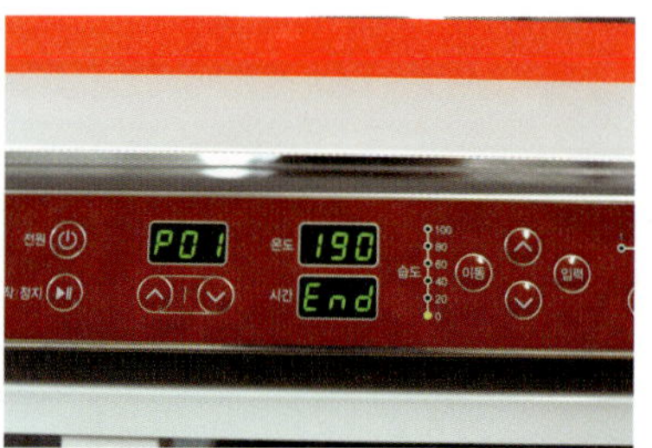

예열이란, 오븐 온도를 미리 굽는 온도에 맞추거나 실제 굽는 온도보다 20℃ 정도 온도를 뜨겁게 올려두는 것을 의미한다.

예를 들어 레시피에 제시되어 있는 굽는 온도가 170℃라고 한다면 약 190℃ 정도에 맞춰 20분 전부터 미리 오븐을 가열해둔다. 겉에서 보이는 온도가 170℃라도 예열시간이 짧으면 오븐 전체가 골고루 달궈지지 않는 경우가 있다.

제품을 넣기 위해서 오븐 문을 열면 온도가 급격하게 떨어지므로 실제 굽는 온도보다 20℃ 정도 높게 예열을 했다가 반죽을 넣고 다시 실제 굽는 온도로 바꾸어준다. 충분한 예열 과정을 거치지 않으면 제품이 제대로 구워지지 않으므로 반드시 오븐을 미리 작동해둔다.

예열이 충분히 돼 있지 않은 상태에서 반죽을 넣으면 온도가 내려가거나 반죽에 열이 고루 전달되지 못한다. 제대로 익지 않는 것은 물론 버터가 녹거나 잘 부풀지 않아 바삭하거나 폭신한 맛이 없다. 예열이 충분히 된 상태에서 구워야 모양과 맛이 제대로 난다.

유산지 또는 테프론시트지를 깔아둔다.

유산지나 종이호일, 테프론시트지를 오븐팬 바닥에 깔아서 구우면 제품을 쉽게 분리할 수 있다.

가루 재료를 섞어 체친다.

작업 전에 가루 재료는 미리 섞어 체에 내린다. 밀가루나 아몬드가루, 베이킹파우더, 코코아가루 등을 체에 치는 이유는 덩어리나 불순물을 걸러내는 이외에 공기를 충분히 주입해 잘 부풀게 하기 위해서이다. 20~30cm 정도 높이에서 두세 번 정도 체친다.

전처리한다.

견과류나 건과일은 작업 전에 사용하기 좋도록 해둔다. 호두는 씻어서 고소하게 볶아주고 건포도는 물에 씻거나, 설탕물에 담가 둔다. 럼에 절여 부드럽게 해두는 방법 등도 있다.

버터, 달걀을 실온에 꺼내둔다.

냉장상태로 보관했던 재료들을 작업하기 전에 미리 꺼내 실온으로 맞춰 작업하기 좋은 상태로 만드는 것을 의미한다. 겨울에는 약 1시간 이상, 여름에는 약 30분 정도 꼭 실온에 두어 차가운 기를 없앤 후 사용한다. 너무 차가우면 재료끼리 잘 섞이지 않고 분리되기 쉽다.

달걀 멍울을 푼다.

거품기나 젓가락 등의 도구로 달걀을 멍울 없이 풀어주는 것을 의미한다. 차갑지 않은 달걀을 풀어서 사용한다. 정확한 계량을 위해서도 미리 노른자와 흰자를 고르게 풀어서 하는 것이 좋다.

달걀흰자와 노른자를 분리한다.

머랭을 만들거나 커스터드 크림 또는 앙글레즈 크림을 만들 때 흰자만 또는 노른자만 사용할 때가 있다. 이럴 때에는 만들기 바로 전에 달걀을 분리하는 것이 가장 좋다. 분리한 후 시간이 흐르면 노른자 겉에 막이 생겨서 설탕 등의 재료와 잘 섞이지 않을 수 있기 때문이다. 그리고 분리할 때에는 될 수 있는 한 손이 닿지 않도록 해서 변질을 예방한다.

거품을 낸다(휘핑한다).

달걀, 생크림 등을 거품 낼 때 핸드믹서기로 공기를 넣어 주는 작업이다. 달걀흰자를 거품내면 머랭을 만들 수 있고, 스펀지케이크를 만들 때 달걀을 거품내면 케이크를 폭신폭신하고 부드럽게 만들 수 있다. 액체 상태의 생크림을 거품내면 단단한 크림 상태가 되어 생크림 장식을 할 수 있다.

버터크림화 한다.

버터에 설탕을 넣고, 섞는 과정으로 거품기나 핸드믹서기로 공기를 잘 포집시켜야 마요네즈처럼 매끄러운 상태가 되어 잘 부풀고 식감도 좋아진다. 크림화 도중에 수분과 유분이 분리되어 순두부처럼 되지 않도록 주의한다.

머랭을 만든다.

달걀흰자에 설탕을 넣고 거품 낸 것을 머랭이라고 한다. 케이크를 만들 때 넣으면 폭신하고 부드러운 맛을 내준다. 마카롱을 만들 때도 사용된다.

밀가루 코팅한다.

발효빵을 만들 때 소금, 인스턴트 드라이이스트가 서로 닿지 않게 주걱으로 섞어 밀가루(강력분)로 코팅을 해주는 과정을 말한다. 이스트 활동이 소금에 의해 억제되므로 일부러 인스턴트 드라이이스트에 소금을 뿌리지 않도록 주의한다.

주걱을 세워 자르듯이 섞는다.

글루텐 형성을 최소화하기 위해 반죽을 섞을 때 주걱을 세워 반죽을 일자로 그어주듯 섞다가 볼을 시계방향으로 조금씩 돌리면서 밑바닥을 크게 뒤집어 섞다가 다시 세로로 자르듯이 섞어 반죽한다. 쿠키를 바삭바삭하게 구울 수 있고, 머핀이나 케이크도 폭신폭신하고 부드럽게 구울 수 있다.

둥글리기

발효빵 반죽을 분할하면 잘라진 단면이 생기게 된다. 반죽을 둥글려 공 모양으로 다듬어 반죽 표면이 팽팽해지고 매끄러운 상태가 되도록 한다. 매끄러운 얇은 막을 만들어주므로 반죽 내의 가스가 새어나가는 것을 막아준다.

가스를 뺀다.

1차 발효가 끝나 부풀어 오른 빵 반죽을 가볍게 눌러 반죽 속의 가스를 빼주는 작업으로, 가스를 빼면 이스트가 활성화되어 글루텐의 신축성이 좋아지고 빵의 결도 좋아진다.

발효한다.

레시피에 제시된 온도의 환경에서 반죽을 볼에 넣고 발효한다. 이스트의 활동을 활발하게 하고 이산화탄소를 생성해 빵의 다양한 풍미를 만든다.

휴지시킨다.

반죽을 굽기 전에 냉장고에 넣어 안정시키면서 어느 정도 쉬게 해주는 것으로, 휴지 과정을 거치면 작업하기 좋은 상태가 된다. 타르트 시트의 경우에는 반드시 휴지 과정이 필요하며, 반죽을 단단하게 만들면 작업하기 좋으며 바삭한 식감을 낼 수 있다. 쿠키 반죽을 휴지시키면 밀가루에 있는 글루텐 활동을 억제해 바삭한 맛을 내며, 빵 반죽을 분할하고 둥글리는 동안 생긴 상처를 휴지과정을 통해 회복시킬 수 있다.

중탕한다.

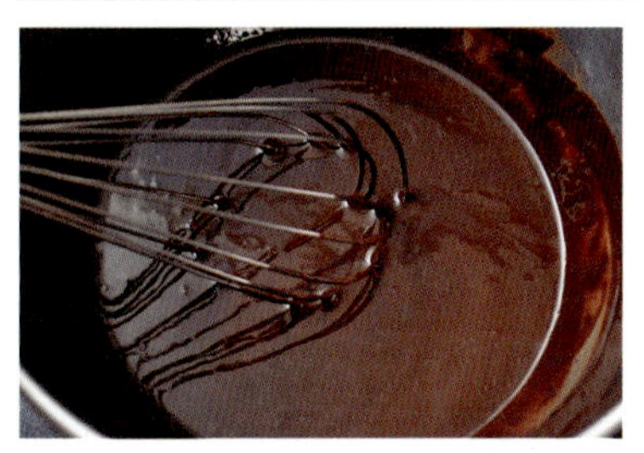

직접 불로 가열하지 않고 데운 물로 간접적으로 온도를 높여주는 작업이다. 달걀 거품의 온도를 올리거나 초콜릿이나 버터를 녹일 때 중탕한다.

식힘망 위에 올려 식힌다.

쿠키나 케이크를 구운 후에는 틀에서 분리하고 반드시 식힘망에 올려 식힌다. 쿠키를 팬 위에서 그대로 식히면 눅눅해지기 쉽고, 케이크 같은 경우 틀 안에 그대로 두면 열로 인해 옆면이 찌그러질 수 있다.

버터를 태운다.

덧가루를 뿌린다.

덧가루란 반죽이 작업대나 손에 달라붙어 작업하기 어려울 때 뿌리는 가루를 의미한다. 빵이나 타르트, 쿠키 반죽을 밀 때 작업대나 도마에 반죽이 붙지 않도록 강력분을 약간 뿌린다.

케이크 가운데를 꼬치로 찔러본다.

머핀이나 파운드, 케이크가 다 익었는지 확인할 때, 겉으로 보아 알기 힘들 경우 꼬치를 찔러서 확인해본다. 케이크의 갈라진 틈으로 꼬치를 찔렀을 때 묻어나는 것이 없으면 다 익은 것이다.

버터를 태우는 것은 냄비에 버터를 넣고 불에 올려서 거품기로 종종 저어주면서 엷은 갈색이 나도록 끓이는 것을 말한다. 버터를 태우면 헤이즐넛 향과 비슷한 고소한 향이 나며, 수분이 증발해 풍미가 좋아지고, 불순물이 빠지기 때문에 고급스러운 향이 난다.

이 책에서 사용된 난이도 표시 안내

★ : 초보자도 만들 수 있다.

★★ : 그대로 따라하면 만들 수 있다.

★★★ : 과정이 복잡한 것 같지만 제과제빵 지식이 있으면 만들 수 있다.

★★★★ : 처음부터 성공하기는 어렵지만 여러 번 만들다보면 만들 수 있다.

★★★★★ : 과정이 복잡하고 다양한 경험과 제과제빵 지식이 필요하다.

꼼꼼한 구입처 안내

베이킹 재료와 도구, 포장 재료를 살 수 있는 곳을 소개합니다. 온라인이나 오프라인 어느 곳에서도 구입가능한데, 주로 온라인 쇼핑몰을 이용하지만 가끔은 방산시장을 직접 방문해서 발품을 팔아 원하는 물건을 구입하기도 합니다. 방산시장이란 제과제빵 재료나 도구, 포장 재료를 판매하는 상가입니다.

방산시장은 서울지하철 2, 5호선 을지로4가역 6번 출구와 1호선 종로 5가역 7번 출구에서 걸어서 갈 수 있습니다. 날씨가 좋은 봄, 가을에는 방산시장에서 쇼핑을 하고 근처 광장시장에서 식사를 하곤 합니다.

쇼핑몰도 활성화가 되어 있기 때문에 온라인에서 구입해도 됩니다. 자주 가는 쇼핑몰 몇 군데 알려드립니다.

온라인 쇼핑몰

- 베이킹몰(대우공업사) – http://bakingmall.com/
- 경훈공업사 – http://www.kyounghoon.co.kr/
- 베이킹맘 – http://www.bakingmam.co.kr/
- 비노브레드 – http://beanobread.com
- 서흥 E&Pack – http://www.sh-eshop.co.kr/
- 오하꼬 – http://www.ohaco.co.kr/
- 스위트팩 – http://www.sweetpack.co.kr/

1 tsp
5 ml

Part 1.

베이킹 BASIC

틀에 유산지 깔기

반죽을 구운 후 틀에서 잘 분리시키기 위해 유산지를 깔아야 하므로 반죽 작업 전에 미리 틀에 깔아두세요.

원형틀 유산지 깔기

1. 원형틀 밑에 유산지를 놓고, 연필로 틀 가장자리를 따라 바닥에 깔 동그란 모양을 그린다.

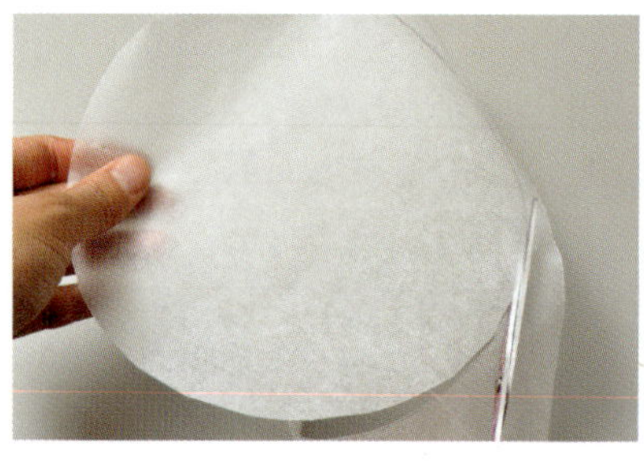

2. 연필로 그린 동그란 모양의 선을 따라서 가위로 자른다.

3. 다른 유산지를 원형틀의 둘레를 감쌌을 때 약 3~4cm 정도 더 여유 있게 길게 자른다.

4. 자른 유산지를 원형틀의 높이보다 약 1.5~2cm 정도 여유를 두고 자른다.

5. 옆면 유산지를 약 1.5~2cm 정도 접는다.

6. 접은 선을 따라서 약 1.5cm 정도의 간격을 두고 사선으로 자른다.

7. 사선으로 자른 부분이 아래로 가도록 옆면 유산지를 원형틀 안에 넣는다.

8. 동그랗게 자른 유산지를 위에 넣는다.

파운드틀 유산지 깔기

1. 파운드틀 밑에 유산지를 놓고 바닥과 옆면을 감싸 올려 파운드틀 크기에 맞게 자른다.

2. 틀 바닥을 기준으로 틀보다 조금 작게 접는다. 겹쳐지는 모서리 부분을 가위로 자른다.

  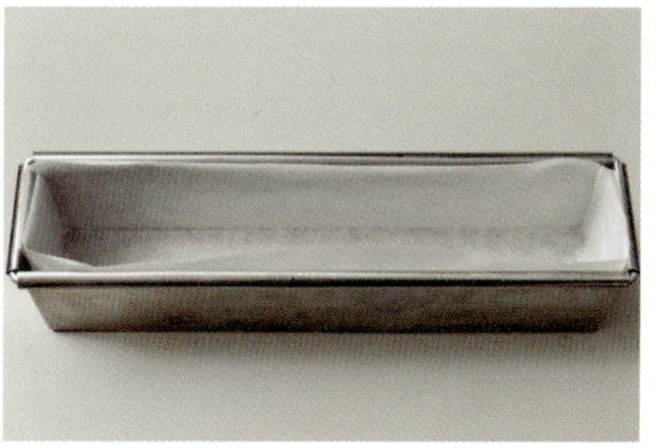

3. 파운드틀 옆면이 좁으므로 유산지의 옆면에 겹쳐지는 부분을 조금 더 자른다.

4. 파운드틀에 재단한 유산지를 넣어 모서리 부분을 겹친 후 바닥에 고정시켜 깔아준다.

1. 유산지를 바닥에 놓고 사각틀의 바닥과 옆면을 감싸 올려 틀 크기에 맞게 자른다.

2. 틀 바닥을 기준으로 틀보다 조금 작게 접는다.

3. 겹쳐지는 모서리 부분을 가위로 자른다.

4. 사각틀에 재단한 유산지를 넣어 모서리 부분을 겹친 후 바닥에 고정시켜 깔아준다.

1. 유산지를 바닥에 놓고 롤케이크틀 바닥과 옆면을 감싸 올려 틀 크기에 맞게 자른다.

2. 틀 사이즈에 맞게 접는다.

3. 겹쳐지는 모서리 부분을 가위로 자른다.

4. 틀에 재단한 유산지를 넣어 모서리 부분을 겹친 후 바닥에 고정시켜 깔아준다.

카스텔라는 밑면이 뚫린 전용 나무틀에 구우면 일반 틀에 비해 부드럽고 촉촉하게 구워집니다. 반죽이 새어나가지 않도록 유산지를 틀에 꽉 끼도록 재단합니다.

1. 유산지를 바닥에 놓고 나무틀 내부 크기에 맞게 접어 자른다.

2. 틀의 내부에 재단한 유산지를 넣어 겹치도록 고정시켜 깔아준다.

짤주머니 사용법

짤주머니는 크림이나 쿠키반죽 모양을 내거나 파운드, 머핀 등의 반죽을 틀에 짤 때에 필요한 유용한 도구입니다. 짤주머니는 한 번만 쓰고 버리는 비닐재질과 반영구적으로 사용가능한 면재질 등이 있습니다.

1. 짤주머니 입구를 깍지가 2/3 정도 걸쳐질 크기로 자른 다음 사용할 깍지를 넣는다. 깍지를 끝까지 밀어 넣어 고정시키고 엄지손가락을 이용해서 깍지 안으로 짤주머니를 넣어 깍지 입구를 막아 준다.

2. 비커에 짤주머니를 걸치고 내용물을 넣는다.

3. 스크래퍼나 넓적한 주걱 등으로 내용물을 안쪽으로 밀어 공기를 빼고 사용한다.

생크림 휘핑하기

생크림은 차갑게 두는 것이 중요하므로 생크림을 계량해 볼에 넣고 냉장고에 넣어서 충분히 차갑게 합니다. 설탕과 거품기도 차갑게 냉장고에 넣는 것이 좋겠지요. 작업 환경도 온도가 낮은 편이 거품 내기 좋습니다. 생크림은 10℃ 이상이 되면 성질상 퍼석퍼석하게 되어 취급하기 어렵습니다.

[만들기]

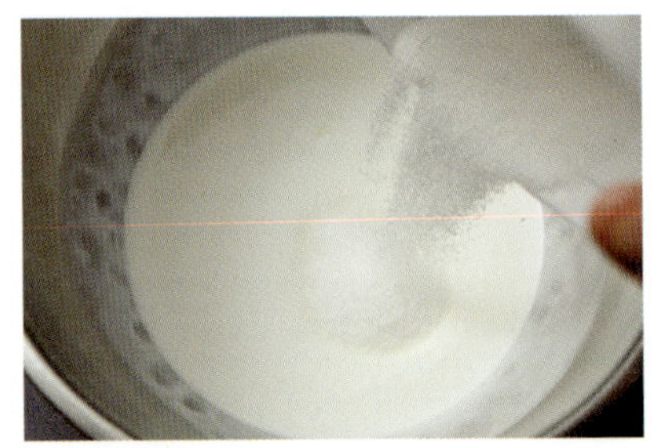

1. 깨끗한 볼에 생크림을 담고 냉장고에 넣어 차갑게 해둔다. 볼을 냉장고에서 꺼내어 설탕을 넣는다(레시피에 따라 설탕을 넣지 않거나 더 넣을 수도 있지만, 보통 설탕은 생크림의 10분의 1 정도가 적당하다. 설탕 양이 많으면 여러 번에 나누어서 넣는다).

2. 넓은 볼에 물과 얼음을 담는다. 얼음물에 받치면 거품이 잘 나고, 크림이 잘 분리되지 않는다.

3. 얼음물에 볼을 댄다.

4. 한쪽 손으로 볼을 잡아 고정시키고 다른 한 손으로는 핸드믹서기를 돌려 거품이 단단해지도록 한다(생크림에 물이 들어가지 않도록 주의한다).

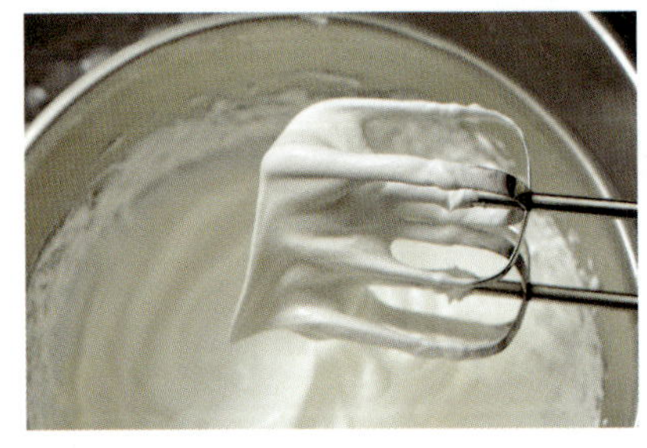

5. 레시피마다 요구되는 휘핑 상태가 다를 수 있으니 중간 중간 거품 상태를 확인하면서 거품을 낸다. 거품을 지나치게 오래 내면 유지방과 수분이 분리될 수 있으므로 주의한다.

머랭 만들기

머랭은 달걀흰자를 거품 낸 것으로 케이크, 머랭 쿠키, 마카롱 등에 사용됩니다. 흰자는 끈기가 적을수록 거품을 내기 쉽지만 거품이 거칩니다. 반대로 탄력과 끈기가 많을수록 거품은 내기 힘들지만 치밀하고 안정된 거품을 만들 수 있습니다. 볼이나 거품기에 기름기가 남아있지 않도록 깨끗이 씻고, 완전히 건조시켜서 사용해야 합니다. 물기나 달걀노른자(유지를 포함하고 있으므로)가 조금이라도 묻어있으면 거품이 잘 나지 않을 수 있습니다.

달걀흰자에 설탕을 넣어 거품 내는 프렌치 머랭, 달걀흰자를 중탕으로 데운 후 거품을 내는 스위스 머랭, 뜨거운 시럽을 넣어 거품을 내는 이탈리안 머랭 등이 있으나 가장 일반적으로 많이 쓰이는 프렌치 머랭을 소개합니다.

[만들기]

1. 달걀흰자와 노른자를 분리해 흰자만 깨끗한 볼에 담는다. 핸드믹서기를 중속으로 회전시켜 달걀흰자의 거품을 내준다. 달걀흰자가 풀어지면서 큰 거품이 올라오기 시작한다.

2. 흰자거품이 풍성하게 일면 설탕을 2~3회 정도로 나누어 넣으면서 계속 중속으로 거품을 낸다.

3. 윤기가 나고 단단한 거품이 될 때까지 핸드믹서기로 계속 거품을 낸다.

4. 거품기를 들어 올렸을 때 뾰족한 삼각형 모양이 되는 정도가 되면 단단하고 균일하게 거품 낸 것이므로 완료한다. 그 이상 거품내면 푸석푸석해지므로 주의한다.

바닐라빈과 바닐라슈가

바닐라빈 손질하기

달걀의 잡내를 잡아주고 부드럽고 달콤한 향을 내주는 바닐라빈을 손질하는 방법입니다. 바닐라오일, 에센스, 엑스트랙트 등의 제품을 쓰기도 하지만, 바닐라빈을 사용하는 것이 가장 고급스러운 맛이 납니다.

1. 칼을 이용해서 바닐라빈을 반으로 가른다.

2. 반으로 자른 바닐라빈을 칼등으로 씨앗 부분만 긁어 사용한다.

바닐라슈가 만들기

재료 : 바닐라빈 껍질 10g, 설탕 40g

1. 사용이 끝난 바닐라빈 껍질은 더러우면 물로 씻고, 충분히 건조시켜 둔 다음 대략 5cm 길이로 자른다. 바닐라빈 껍질 10g만큼 계량한다.

2. 설탕 40g과 함께 분쇄기로 갈아준다.

3. 커피나 홍차, 파운드 같은 케이크에 설탕의 1/5 정도를 바닐라슈가로 대체할 수 있다.

Comment :

바닐라빈이란 난초과의 덩굴식물 열매로 특유의 달콤한 향과 함께 풍부한 바닐린 향을 가지고 있습니다. 녹색인 상태에서 수확된 열매는 증기를 이용한 발효와 건조과정을 거치면서 진한 어두운 갈색으로 변하게 되는데, 이때부터 풍부한 향을 가지게 됩니다.

일반적으로 많이 쓰이는 바닐라빈은 마다가스카르산으로 몸통이 통통하고 촉촉하며 말랑한 것이 좋은 바닐라빈입니다. 사용하고 남은 바닐라빈 껍질은 더러우면 깨끗이 씻어 말린 후 설탕과 함께 분쇄하거나, 설탕 안에 묻어두거나 하여 사용가능하고, 케이크 장식용으로 써도 멋집니다. 구웠을 때 갈색이 날 수 있으므로 색이 나도 상관이 없는 과자에 사용해도 됩니다. 그리고 사용하고 남은 바닐라빈은 40도 정도의 높은 도수를 가진 럼에 담가 바닐라럼을 만들 수 있습니다. 바닐라럼은 달걀의 잡내를 잡아주는 역할을 하며 더욱 풍미가 좋은 제품을 만들 수 있도록 도와줍니다.

1. 끓는 물에 호두를 넣고 30초~1분 정도 데친다. 이때 물 위에 뜨는 거품과 이물질은 제거한다.

2. 호두를 체에 밭쳐 흐르는 찬물에 헹군다.

3. 키친타월로 물기를 제거한다.

4. 테프론시트지나 유산지를 깐 오븐팬에 호두를 올리고 170~180℃로 예열한 오븐에서 약 8~10분 정도 굽는다. 미리 만들어 놓는 것보다는 작업 전에 필요한 양만큼 전처리해서 사용한다.

5. 프라이팬에 주걱으로 저어가면서 볶아 주어도 좋다.

6. 큰 호두를 잘게 잘라서 사용하면 호두분태가 된다.

Comment :

호두는 제과제빵을 할 때 자주 등장하는 재료로 전처리를 해서 사용합니다. 호두의 주름 사이사이에 이물질이나 먼지가 있어서 전처리를 하지 않으면 쓴맛이 납니다. 시중에 판매되는 볶음호두는 전처리를 하지 않아도 됩니다. 호두의 눅눅함을 없애고 고소한 맛을 살리기 위해 사용하기 전에 전처리를 해주세요.

마지팬

난이도 : ★

분량 : 총 무게 447g

재료 : 아몬드가루 200g
　　　슈가파우더 200g
　　　달걀흰자 약 50~54g

Comment :

마지팬(Marzipan)은 으깬 아몬드나 아몬드 반죽, 설탕, 달걀흰자로 만든 말랑말랑한 과자입니다. 마지팬은 설탕과 아몬드 가루를 한데 버무린 반죽을 뜻하는데 설탕과 아몬드의 배합률에 따라 공예용 마지팬과 부재료용 마지팬으로 구분되며, 이 레시피는 공예용 마지팬에 비해서 아몬드의 비율이 높습니다. 과자의 재료 또는 데코레이션 등에 사용하며, 직접 만들어도 되고 시중에서 판매되고 있는 제품을 사용해도 됩니다. 직접 만들면 냉장고에서 5일 정도 보관 가능합니다. 만들기 어렵지 않으니 필요할 때마다 조금씩 만들어 사용하면 더 좋습니다.

1. 슈가파우더와 아몬드가루를 볼에 담아 섞고, 성긴 체에 2~3번 내린다. 푸드 프로세서가 있다면 슈가파우더와 아몬드가루를 넣고 1~2분 정도 곱게 갈아준다.

2. 달걀흰자를 풀어준 다음 조금씩 넣으면서 반죽의 되기를 보아가면서 양을 조정한다. 손끝으로 고루 섞고, 조물조물 반죽하면서 한 덩어리로 만든다.

3. 완성된 반죽은 표면이 마르지 않게 랩으로 밀봉해 냉장고에서 하룻밤 정도 휴지시킨다. 달걀흰자가 들어가 위생적인 주의가 필요하므로 되도록 빨리 사용하도록 합니다.

소보로

난이도 : ★
재료 : 무염 버터 45g, 설탕 45g,
　　　 소금 두꼬집, 박력분 45g,
　　　 아몬드가루 45g
도구 : 핸드믹서기, 주걱

Comment :

소보로는 크럼블(Crumbles) 또는 슈트로이젤(Streusel)이라고도 합니다. 과자빵 반죽에 소보로를 토핑물로 올려 소보로빵을 만들기도 하고, 타르트나 머핀, 파운드 반죽 등에 올려 장식으로 사용하면 바삭바삭하고 달달한 재미를 줄 수 있습니다. 소보로는 하나둘씩 떼어먹는 재미가 있어서 오랫동안 사랑받는 토핑 중 하나입니다.

1. 미리 냉장고에서 꺼내 30분~1시간 정도 실온에 두어 차가운 기를 없앤다.
2. 박력분과 아몬드가루는 미리 섞어서 체 쳐둔다.

[만들기]

1. 볼에 버터를 넣고 핸드믹서기로 부드럽게 풀어준 다음 설탕과 소금을 넣고 잘 섞는다.

2. 아몬드가루와 박력분을 넣고 주걱을 세워서 자르듯이 보슬보슬 섞는다.

3. 고슬고슬하게 섞이면 손바닥을 이용해 동글동글한 모양으로 만든다.

4. 반죽 속의 버터가 녹으면 모양이 변형되므로 랩을 씌워 냉장고에서 보관한다.

커스터드 크림

난이도 : ★★★
분량 : 약 300~320g
재료 : 우유 300g, 바닐라빈 1/2개,
　　　설탕 67g, 달걀노른자 60g,
　　　박력분 26g
도구 : 냄비, 거품기, 체, 스텐바트

Comment :

좋은 상태로 완성된 커스터드 크림은 차게 하면 탄력이 있는 상태로 굳어 끈적거리지 않고 용기에서 깨끗하게 떨어집니다. 거품기로 저으면 멍울이 생기기 쉬우므로 주걱으로 섞어 부드러운 크림 상태로 만들어 사용합니다. 커스터드 크림은 여러 가지로 응용 가능합니다. 예를 들어 거품 낸 생크림과 섞으면 크렘 디프로메트, 버터와 섞으면 크렘 무슬린, 머랭과 섞으면 크렘 시부스트, 아몬드 크림과 섞으면 프랑지판을 만들 수 있습니다.

1. 달걀은 미리 냉장고에서 꺼내 30분~1시간 정도 실온에 두어 차가운 기를 없앤다.
2. 박력분은 미리 2~3회 체 쳐둔다.

[만들기]

1. 냄비에 우유와 바닐라빈 씨앗(32쪽 참고)을 넣는다. 바닐라빈 껍질도 같이 넣고 거품기로 섞어 분산시킨다.

2. 설탕을 분량의 반 정도만 넣어 약불에 냄비를 올리고, 가끔 살짝 흔들면서 끓기 직전까지 데운다(설탕을 넣으면 우유가 잘 눋지 않는다).

3. 끓기 직전에 불을 끄고 바닐라향이 우러나도록 뚜껑을 잠시 덮어둔다. 6번 과정에 넣을 때 다시 끓기 직전까지 데운다.

4. 볼에 달걀노른자를 넣고 거품기로 잘 풀어준 다음, 나머지 설탕을 넣어서 연한 아이보리색이 될 때까지 거품기로 섞는다.

5. 체친 박력분을 넣고, 글루텐이 생기지 않도록 거품기로 천천히 확실히 섞는다.

6. 3의 데운 우유를 거품기로 천천히 섞으면서 부어준다(우유가 식었으면 끓기 직전까지 데워서 넣는다).

7. 체에 거르고, 우유를 데웠던 냄비에 다시 부어준다.

8. 냄비를 강불에 올리고 거품기로 원을 그리면서 섞는다.

9. 가루가 섞이고 점도가 높아진다. 거품기로 끊임없이 냄비 바닥을 긁으면서 섞는다.

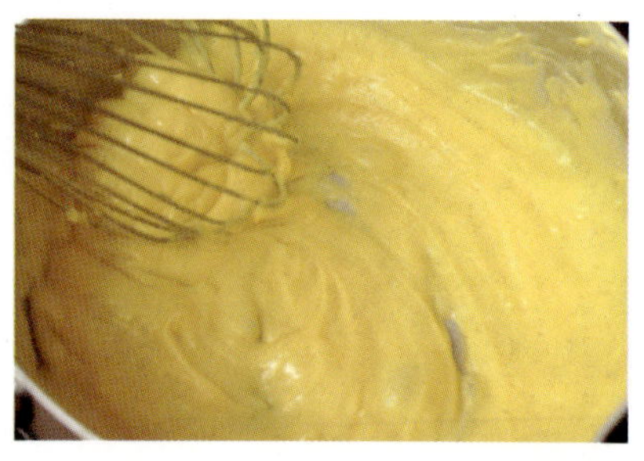

10. 작았던 기포가 점점 커져서 부글부글 끓어오르고 방귀 뀌듯이 소리를 내면서 터진다. 계속 섞다보면 광택이 나고 점성이 끊기는 순간이 온다. 가루에 수분이 침투한 상태로 거품기로 섞으면 바닥이 보이게 된다.

11. 거품기로 건지면 가볍게 흘러내리고 광택이 있는 부드러운 상태가 되면 불을 끈다.

12. 불에서 내리면 색이 약간 진하게 바뀐다. 바닐라빈 대신 바닐라오일이나 바닐라에센스를 사용한 경우, 맨 마지막에 몇 방울 넣는다.

13. 완성된 커스터드 크림은 넓은 용기나 스텐바트에 담고 랩으로 잘 밀착시켜 얼음물에 재빨리 냉각하고 냉장 보관한다. 체에 내려서 사용하며, 유통기한은 냉장고에서 1~2일 정도 보관 가능하다. 랩을 밀착시키면 건조와 공기 중의 잡균이 떨어지는 것을 방지할 수 있다.

제누와즈

난이도 : ★★★
분량 : 지름 18cm 원형틀 1대분
　　　한 변 19.5cm 정사각틀 1대분
재료 : 달걀 172g, 설탕 124g, 물엿 10g,
　　　무염 버터 30g, 우유 45g,
　　　박력분 112g
도구 : 지름 18cm 원형틀, 핸드믹서기,
　　　거품기, 유산지

[준비하기]

1. 지름 18cm 원형틀에 유산지를 깔아둔
   다(유산지 까는 방법은 24쪽 참고).

2. 작은 용기에 버터와 우유를 같이 계
   량하고 전자레인지나 중탕으로 데운
   다. 데워진 온도는 50℃로 한다.
3. 만들기 과정 2의 중탕 준비를 한다.
   중탕물 온도는 약 60℃로 한다.
4. 박력분은 미리 2~3회 체친다.
5. 달걀은 미리 냉장고에서 꺼내 30분
   ~1시간 정도 실온에 두어 차가운 기
   를 없앤다.

1. 볼에 달걀을 넣어 거품기로 응어리 없도록 풀고, 설탕과 물엿을 넣고 골고루 섞는다.

2. 중탕물(약 60℃)에 볼을 올리고 온도계로 달걀 온도를 재면서 거품기로 섞는다.

3. 달걀 온도는 여름철이나 따뜻한 실내라면 32℃, 춥거나 겨울철이라면 35℃가 되도록 한다. 이 온도의 달걀은 표면 장력이 약해 거품이 일어나기 쉬워진다. 만약 제시한 온도보다 더 낮으면 뜨거운 물에 올려 데우고, 온도가 높으면 그대로 놓고 온도가 내려가기를 기다린다.

4. 손으로 볼 바닥을 만져보았을 때 설탕이 만져지지 않으면 중탕에서 내리고, 핸드믹서기 중고속으로 거품을 낸다.

5. 최대한으로 거품을 낸다.

6. 중속으로 바꿔 기포를 균일하게 한다. 하얗고 광택이 나기 시작한다. 팽창했던 기포가 작아져 결이 촘촘해진다.

7. 거품기를 반죽에서 떨어뜨렸을 때 리본 상태로 떨어지며, 그 자국이 잠시 동안 남아있는 상태가 되면 완성이다.

8. 핸드믹서기를 저속으로 해서 볼 안쪽을 천천히 원을 그리듯이 움직이면서 결을 정리한다. 이 시점에서는 거품 내는 것이 아니라 기포를 촘촘하게 균일하게 정리하는 것이 목적이므로 핸드믹서기를 격렬하게 움직이지 않는다.

9. 체친 박력분을 넣고 주걱으로 재빠르게 섞는다.

10. 버터와 우유를 50℃로 중탕해서 준비한다.

11. 버터와 우유가 있는 작은 용기에 반죽을 2~3주걱 떠서 넣고 거품기로 섞는다.

12. 이것을 다시 본 반죽에 넣고 주걱으로 재빠르게 섞는다. 너무 섞지 않도록 하고, 동작을 크게 해 바닥에서 끌어올리듯이 주걱을 움직여 골고루 매끈하게 섞는다.

13. 유산지가 깔려있는 틀에 넣는다. 얼룩져있는 부분은 주걱 끝 부분으로 뱅글뱅글 돌려 얼룩이 없도록 한다.

14. 바닥에 탁! 떨어트려 거친 기포를 뺀다.

15. 미리 160℃로 예열한 오븐에서 30~35분 정도 굽는다. 알맞게 구운 반죽은 만지면 탄력이 있어 손자국이 없어진다(길게 구우면 수분이 증발해서 퍼석하게 되므로 주의).

16. 구워지자마자 틀에서 분리해 식힘망에 식힌다. 식으면 랩으로 싸고, 밀폐용기에 넣어 실온 또는 냉동 보관한다. 유산지는 사용 전까지 벗기지 않는다.

17. 19.5cm × 19.5cm의 정사각틀에 구워도 좋다.

Comment :

제누와즈는 스펀지케이크의 일종으로 달걀과 버터의 풍미가 좋아 생크림을 바르거나 별다른 장식을 올리지 않아도 맛있습니다. 식으면 랩을 싸서 실온에 두고, 자르는 작업은 다음날에 하는 것이 깨끗하게 잘립니다. 보관은 상온에서는 하루, 냉동 보관은 1주 간 가능하며 해동은 냉장고에서 천천히 합니다.

비스퀴 아 라 퀴이에르

난이도 : ★★★
분량 : 지름 15cm 원형무스틀 1개분
재료 : 달걀흰자 3개, 달걀노른자 3개, 바닐라에센스 적당량, 설탕 83g, 박력분 83g, 분당(장식용) 적당량
도구 : 지름 15cm 원형무스틀, 지름 0.9cm 원형깍지, 유산지, 분당체, 짤주머니, 핸드믹서기, 거품기

Comment :

비스퀴 아 라 퀴이에르는 노른자와 흰자를 분리해 거품을 내서 만드는 스펀지 반죽입니다. 거품이 잘 가라앉지 않고 단단하기 때문에 모양을 짜서 굽는 경우에도 적합합니다. 핑거 모양으로 구워 간식으로 즐기거나 티라미수를 만들 때 사용하기도 합니다. 비스퀴를 틀에 붙이고 안에 바바루아 등을 채워 샤를로트를 만들기도 합니다.

1. 분당(장식용)은 체 쳐둔다.
2. 박력분은 미리 2~3회 체 쳐둔다.
3. 짤주머니에 지름 0.9cm 원형깍지를 끼워 둔다.

4. 오븐팬 크기로 유산지를 4장 자른다. 한 장에는 지름 15cm 원형무스틀을 조금 들어 올리고 안쪽에서 펜을 대고 2개의 원을 그린다. 원을 그린 유산지 위에 버터나 오일(분량 외)을 발라 고정시킨다.

5. 다른 한 장의 유산지에 지름 15cm 원형무스틀의 높이를 폭으로 한 띠를 펜으로 그린다. 띠를 그린 유산지 위에 버터나 오일(분량 외)을 발라 고정시킨다.

[만들기]

1. 차가운 상태의 볼에 달걀흰자를 넣고 설탕의 1/4을 넣는다(촘촘한 기포를 만들기 위해 차가운 상태로 작업한다).

2. 핸드믹서기 고속으로 거품을 낸다.

3. 상태를 보아가면서 3회 정도로 나눠 설탕을 넣는다. 설탕을 넣으면 끈기가 생겨 기포 양에 영향을 주므로 여러 번 나누어 넣어 결이 촘촘하고 꺼지기 어려운 기포를 많이 만든다.

4. 분리되기 직전까지 거품을 낸다. 뿔이 서고, 단단한 질감의 머랭을 완성한다.

5. 볼에 차갑게 둔 달걀노른자를 넣고 거품기로 천천히 풀어준다. 달걀노른자의 비린내를 없애고 깊은 풍미를 부여하기 위해 바닐라에센스를 넣고 섞는다.

6. 달걀노른자 볼에 4에서 만든 머랭을 소량 넣고 천천히 원을 그리듯이 섞는다. 소량을 먼저 넣고 섞으면 나중에 섞기 쉽다.

7. 머랭이 담긴 볼에 6의 달걀노른자 볼의 내용물을 전부 넣고 볼을 돌리면서 주걱으로 바닥에서 위로 건져 올리듯이 천천히 섞는다.

8. 노른자가 다 섞이기 전에 박력분을 조금씩 넣으면서 천천히 섞는다.

9. 너무 섞으면 기포가 꺼져 굽고 난 뒤에 딱딱한 식감이 되므로 주의한다.

10. 지름 0.9cm 원형깍지를 끼운 짤주머니에 반죽을 넣고 재빨리 작업한다.

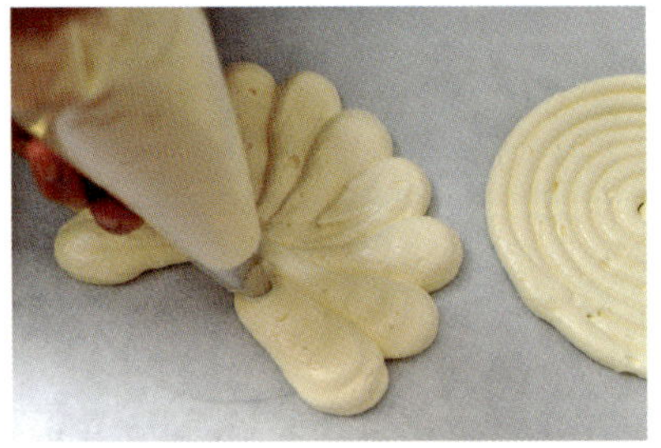

11. 유산지에 그려둔 2개의 원 중 하나는 바깥에서 중심으로 꽃잎 같은 느낌으로 짜준다. 중심에는 작은 원형으로 짠다.

12. 다른 하나의 원에는 중심에서 바깥으로 소용돌이 모양으로 짠다.

13. 무스틀의 높이를 폭으로 그린 유산지에는 사진처럼 세로로 짠다. 구우면 반죽이 부풀기 때문에 조금 간격을 두고 짠다.

14. 체친 분당(장식용)을 분당체에 넣고 약 10cm 높이에서 골고루 뿌린다.

15. 5분 정도 두면 분당이 수분을 흡수한 곳과 그렇지 않은 곳이 생긴다. 분당체에 분당을 담아 빈틈없이 또 체쳐 준다. 분당은 모양을 고정하고 불이 닿는 곳을 부드럽게 하는 역할을 한다.

16. 미리 175~180℃로 예열한 오븐에서 약 15~20분 굽는다.

17. 다 구워지면 오븐에서 꺼내 유산지에 남은 분당을 떨어트린다.

18. 유산지 째로 식힘망에 올려 식힌다.

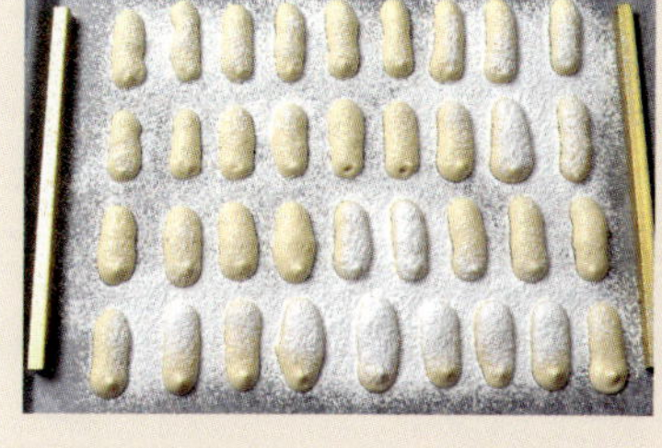

1. 11번 과정에서 유산지를 깔은 오븐 팬에 적당한 간격을 두고 약 5cm 길이로 반죽을 짜면 핑거쿠키를 만들 수 있다. 분당을 분당체에 넣고 반죽 위에 살살 뿌려서 장식한다.

2. 미리 170℃로 예열한 오븐에서 10~15분 정도 구워 주면 핑거쿠키 완성이다.

파트 슈크레(타르트 시트)

난이도 : ★★★
분량 : 약 725g
재료 : 달걀 60g, 소금 3g,
　　　 차가운 무염 버터 214g,
　　　 박력분 307g, 아몬드가루 40g,
　　　 분당 114g, 바닐라빈 1/2개분
도구 : 타르트틀, 스크래퍼, 밀대, 포크,
　　　 유산지, 누름돌

[준비하기]

1. 타르트틀을 냉장고에 넣어 차갑게 한다. 작업 중에 버터가 녹으면 가루에 잘 퍼지지 않으므로, 반죽의 온도가 올라가지 않도록 모든 재료는 냉장고에 넣어놓고 재빠르게 작업해야 한다.
2. 냉장고에서 바로 꺼낸 차가운 상태의 버터를 칼로 사방 1cm 이하 크기로 잘게 잘라 사용 전까지 냉장고에 넣어둔다.
3. 비커에 달걀을 넣고 거품기로 멍울을 풀어준 다음, 소금을 넣어 섞는다. 사용 전까지 냉장고에 넣어 차가운 상태를 유지한다.

1. 넓은 볼에 박력분, 아몬드가루, 분당을 넣고 대충 섞은 다음 2~3번 정도 체친다.

2. 작업대 위에 체친 가루분을 올린다. 바닐라빈 씨앗(32쪽 참고)과 차가운 상태의 버터를 넣고 스크래퍼로 미세하게 다지면서 자르듯이 섞는다. 박력분 속에서 버터를 가능한 한 잘게 자른다.

3. 버터가 박력분 속에 분산되어 보이지 않고, 보슬보슬하게 섞인 상태로 만든다. 큰 버터 덩어리가 있으면 손가락으로 눌러 작게 만들고 양손으로 비벼 섞는다. 박력분 속에 버터를 가능한 한 잘게 분산시켜 만들면 박력분과 물 사이에 버터입자가 있기 때문에 박력분과 물의 연결이 나빠져 글루텐 형성을 방해해서 바삭해진다.

4. 손으로 힘껏 쥐면 하나의 덩어리가 되는 상태가 되도록 한다.

5. 미리 만들어둔 차가운 달걀물을 조금씩 넣어가며 자르듯이 섞는다.

6. 작업대에 올리고 덧가루(강력분 - 분량 외)를 뿌리고 양손으로 가볍게 반죽해서 한 덩어리로 뭉친다.

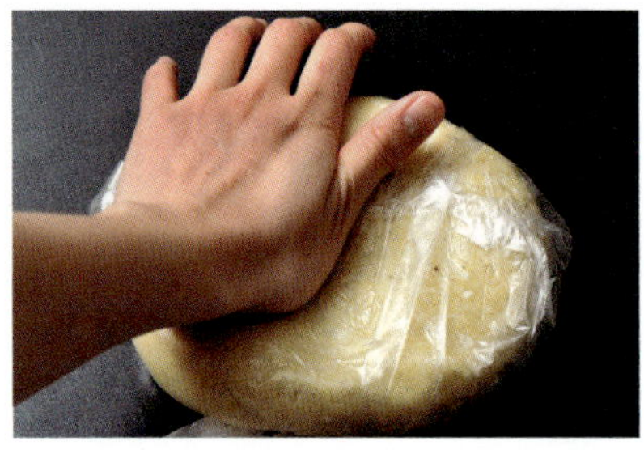

7. 봉지에 반죽을 넣어 손바닥으로 평평하게 한 뒤 냉장고에서 최소 1시간, 가능하면 하룻밤 휴지시킨다(글루텐의 힘이 약해지고 반죽을 늘여도 줄어들지 않을 때까지 냉장고에서 휴지시킨다).

8. 휴지가 끝난 반죽을 작업대에 올리고 반죽이 들러붙지 않게 덧가루를 뿌리면서 두께 약 0.5cm 정도로 밀어준다(냉장고에서 금방 꺼낸 반죽이 단단해서 작업이 어려우면 잠시 둬 녹인다).

9. 타르트틀 크기에 맞게 반죽을 밀어준다.

10. 타르트틀 위에 반죽을 올린다.

11. 타르트틀에 반죽이 꼼꼼히 채워지도록 엄지와 검지로 가장자리를 손가락으로 눌러가며 자리를 잡아준다. 단, 반죽을 잡아당기지 않는다.

12. 반죽 가장자리를 과도나 스패튤라 등을 이용해서 말끔하게 잘라 정리한다. 칼이나 손에 들러붙지 않게 덧가루를 묻히면 작업이 수월하다. 틀에 깔고 난 뒤에 필요 없는 여분의 반죽은 한 덩어리로 만들어 다시 밀봉해서 냉동실에 보관해 두었다가 나중에 사용한다.

13. 가장자리를 예쁘게 매만진 후 냉장고에 20~30분 동안 넣어둔다(냉장고에 넣어두는 시간은 반죽의 단단한 상태에 따라 조정 가능하다).

14. 단단해진 반죽을 냉장고에서 꺼내어 작은 포크로 타르트 시트 바닥을 콕콕 찍어 구울 때 부풀어 오르지 않도록 한다.

15. 냉장고에서 최소 1시간 이상 휴지시 킨다. 휴지가 충분하지 않으면 구웠 을 때 크기가 줄어들 수 있다. 에어 컨이 나오는 서늘한 장소나 추운 겨 울에는 개인적인 판단으로 휴지 시 간을 조절한다. 기온과 습도가 높은 여름철에는 반죽이 쉽게 물러지니 냉장고에 넣어 굳히면서 작업한다.

16. 유산지를 반죽 위의 크기에 맞게 재단하여 올려놓는다. 그 위에 시판 누름돌 또는 누름콩(콩, 팥, 보리 등)을 채워 넣는다.

17. 미리 170℃로 예열한 오븐에서 20 분 정도 굽다가 가장자리가 노릇노 릇하게 굽히면 오븐에서 오븐팬째 꺼내 유산지와 누름돌을 걷어낸다.

18. 다시 오븐에 넣어 바닥도 노릇노릇 색이 나도록 보아가면서 170℃에서 약 10분 정도 더 구워 완성한다. 다 구워진 타르트는 틀에서 바로 분리 하면 부서지기 쉬우니, 한 김 식힌 다음 조심스럽게 분리하고 식힘망 위에서 완전히 식혀 사용한다.

Comment :

파트 슈크레는 바삭바삭한 식감으로 고소한 맛이 좋습니다. 사용하고 남은 반죽은 밀봉해 냉동실에 넣어 두면 오랜 기간 보관 가 능하며, 다시 사용할 때에는 하루 전에 냉장실로 옮겨 해동해서 사용하면 됩니다. 틀에 반죽을 깔아준 다음 최소 1시간 이상 냉장 고에서 휴지시켜서 글루텐을 안정시킨 다음 구워주세요.

키쉬 시트

[준비하기]

1. 타르트틀은 냉장고에 넣어 차게 해
   둔다.
2. 냉장고에서 바로 꺼낸 차가운 상태의
   버터를 칼로 사방 1cm 이하 크기로
   잘게 잘라 사용 전까지 냉장고에 넣
   어둔다.
3. 비커에 물을 담고 소금과 설탕을 넣
   어 녹인다. 사용 전까지 냉장고에 넣
   어 차가운 상태를 유지한다.
4. 볼에 강력분과 박력분을 섞은 다음
   2~3번 정도 체치고, 냉장고에 넣어
   둔다.

Comment :

반죽을 만들 때 모든 재료와 도구는 차
갑게 준비해 버터가 녹지 않도록 하고,
글루텐이 형성되지 않도록 주의하면서
구우면 가볍고 바삭바삭한 키쉬를 맛볼
수 있습니다. 단맛이 적은 배합이라 짭
짤한 키쉬와 잘 어울립니다.

1. 작업대 위에 미리 섞어둔 차가운 상태의 강력분과 박력분을 놓는다. 차가운 상태로 준비한 버터를 올린다.

2. 스크래퍼로 미세하게 다지면서 자르듯이 섞는다. 버터가 박력분 속에 분산되어 보이지 않고, 보슬보슬하게 섞인 상태로 만든다.

3. 아몬드가루, 파마산치즈가루를 넣고 스크래퍼로 고루 섞는다. 버터가 녹은 것 같으면 냉장고에 넣어 차갑게 한 뒤 작업한다.

4. 설탕과 소금을 녹인 차가운 물을 조금씩 넣어가며 스크래퍼로 자르듯이 섞는다.

5. 물 양이 부족하면 차가운 물을 조금 더 넣어도 된다.

6. 스크래퍼로 자르듯이 가볍게 반죽한 다음 손으로 뭉친다(손의 열기 때문에 버터가 녹지 않도록 주의한다).

7. 가볍게 뭉쳐 한 덩어리로 만든다.

8. 봉지에 반죽을 넣어 손바닥으로 평평하게 한다. 냉장고에서 하룻밤 휴지시킨다.

9. 휴지가 끝난 반죽을 냉장고에서 꺼내어 작업대에 올리고 반죽이 들러붙지 않게 덧가루를 뿌리면서 두께 약 0.5cm 정도로 밀어준다(냉장고에서 금방 꺼낸 반죽이 단단해서 작업이 어려우면 잠시 둬 녹인다).

키쉬 시트를 틀에 성형하는 과정은 파트 슈크레 만들기의 8~18번 과정을 참고하세요

체리 콩포트

Comment :

처음에는 와인 맛이 강하지만 시간이 지
나면서 체리가 부드러워지고 맛도 좋아
집니다. 체리 콩포트 만드는 방법은 여
러 가지가 있겠지만, 와인으로 만드는
방법은 만들기 쉽고, 먹지 않아 처치곤
란인 레드 와인을 활용할 수 있어서 좋
습니다. 고급 와인을 사용할 필요는 없
으며, 달콤하고 향이 좋은 저렴한 와인
을 사용하면 됩니다.

1. 체리는 씻어서 체에 밭쳐 물기를 빼 둔다.

1. 레드와인, 설탕, 레몬즙, 바닐라빈 씨앗(32쪽 참고)과 껍질을 냄비에 담고 중불로 끓여 알코올을 날린다. 알코올을 다 날렸으면 약불로 줄인다.

2. 체리를 넣고 부드럽게 될 때까지 상태를 보아가면서 5~8분 정도 끓인다. 너무 끓이면 체리 모양이 뭉개질 수 있으니 모양이 유지되는 정도로만 끓인다.

3. 병에 담아 식힌 후 냉장고에서 보관한다.

4. 사용할 때에는 세로로 반을 가르고 씨를 제거한 다음 물기를 없애고 사용하면 된다. 체리 타르트나 체리 케이크의 재료로 응용 가능하다.

밤 콩포트(밤 페이스트)

난이도 : ★
재료 : 껍질 벗긴 삶은 밤 1kg,
　　　설탕과 머스코바도
　　　설탕 섞어서 1kg,
　　　물 1kg(설탕과 물 비율 1:1),
　　　바닐라빈 1개
도구 : 냄비, 소쿠리, 잼병, 푸드 프로세서

머스코바도 설탕이란?

머스코바도 설탕은 사탕수수즙에서 당밀이 함유된 상태로 부분 정제하여 만든 거친 과립상의 갈색 설탕으로 입자가 거칠지만 부드럽고 촉촉하며 당밀 맛이 강해서 풍미가 좋습니다. 머스코바도 설탕 대신에 황설탕 또는 백설탕을 사용해도 됩니다.

1. 냄비에 물(분량 외)과 밤을 넣고 푹 찐다.

2. 칼로 밤 껍질을 벗긴다. 껍질은 따뜻한 물에 담가 까는 것이 수월하므로 밤 삶은 물은 버리지 않고 밤을 담가 놓는다.

3. 껍질 깐 밤을 볼에 담고 중량을 잰다.

4. 밤과 같은 양의 설탕과 물 그리고 바닐라빈 씨앗(32쪽 참고), 껍질을 냄비에 넣고 바글바글 끓여 시럽을 만든다.

5. 밀폐용기에 밤과 시럽을 넣고 냉장고에서 절인다.

6. 하룻밤 지나면 밤은 소쿠리에 담고, 시럽은 걸러서 냄비에 담는다.

7. 시럽을 다시 바글바글 끓여서 밤이 담긴 밀폐용기에 부어주고 냉장고에서 절인다.

8. 6~7의 과정을 1~2일에 1회 정도의 빈도로 반복한다. 일주일 정도 지나면 밤의 색이 진해지고 단맛도 증가한다.

9. 시럽은 따로 잼병에 냉장 보관한다. 밤은 소쿠리에 담아 물기를 빼고 밀폐용기에 넣어 냉동해서 사용하기 전에 필요한 만큼 해동한다.

10. 밤 페이스트를 만들 경우에는 냉동해 둔 밤 콩포트 적당량을 해동해서 푸드 프로세서에 넣는다.

11. 가루 상태로 갈릴 때까지 상태를 보아가며 갈아준다.

12. 가루상태가 되면 밤 시럽 적당량을 넣고 좀 더 갈아준다 (밤 시럽이 들어가면 가루상태였던 밤가루가 페이스트 상태가 된다).

13. 한 덩어리로 만들어 밤 페이스트를 완성한다.

Comment :
시판 밤 페이스트나 절임 밤은 시럽의 당도가 높아 밤의 고소한 맛이 가릴 정도여서 쉽게 질리곤 하지만 밤 콩포트를 집에서 만들어 먹으면 많이 달지 않고 밤맛이 살아 있어 좋습니다. 밤 콩포트는 밀폐용기에 넣어 냉동 보관하다가 먹을 만큼만 해동해 간식으로 먹어도 좋고 밤 파운드나 몽블랑으로 응용할 수 있습니다.

레몬 콩피

난이도 : ★
분량 : 시럽과 레몬껍질 합친 총 무게 988g
재료 : 레몬 12개, 설탕과 물 비율 1:1
도구 : 칼, 냄비, 소쿠리, 국자, 잼병

[준비하기]

1. 레몬은 물(분량 외)에 베이킹소다(분량 외)를 넣고 손으로 박박 문질러 씻은 다음 흐르는 물에 헹궈 둔다(물 1리터 기준에 베이킹소다 4스푼).

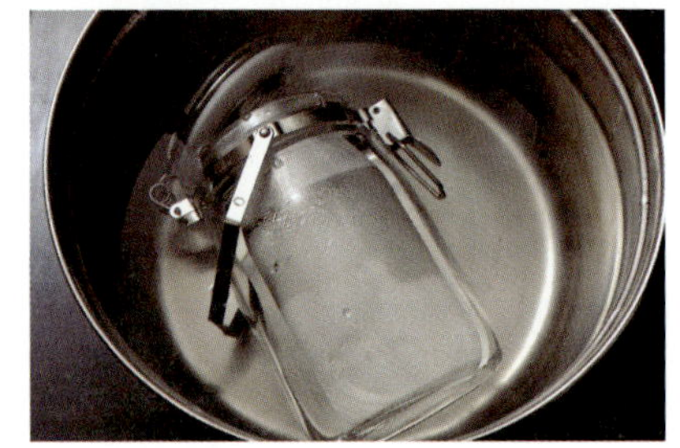

2. 내열유리로 만든 병을 깨끗하게 씻어서 준비한다. 병과 뚜껑을 냄비에 넣고 병이 잠길 만큼 물(분량 외)을 넣어 끓인다. 물이 끓기 시작하면 약한 중간불로 줄이고, 10분 정도 끓여서 소독한다. 집게로 병과 뚜껑을 건져서 깨끗한 행주 위에 거꾸로 세워 말린다.

Comment :

콩피(Confit)는 시럽(설탕물)이나 기름에 식자재를 넣고 오랫동안 끓이는 요리입니다. 레몬 콩피는 레몬향이 상큼하고 씹는 맛이 좋아 파운드나 마들렌 등에 속재료로 넣으면 레몬의 깊은 맛을 느낄 수 있습니다.

1. 레몬은 위아래를 잘라내고 껍질을 잘라낸다.

2. 약 1~1.5cm 폭으로 길게 자른다.

3. 냄비에 레몬 껍질과 물(분량 외)을 넉넉하게 부어 강불에 올린다. 끓으면 그대로 2~3분 더 끓인다.

4. 물에 가볍게 헹구고, 소쿠리에 넣어 물기를 뺀다. 똑같은 방법으로 끓이고 물기를 빼주는 과정을 4회 정도 반복한다(쓴맛과 떫은맛을 제거하는 작업으로 껍질에 붙어있는 유분도 제거된다).

5. 레몬 껍질의 중량과 같은 양의 설탕과 물을 냄비에 넣고 설탕이 녹을 때까지 끓여 시럽을 만든다.

6. 시럽이 담긴 냄비에 레몬 껍질을 넣고 중약불로 끓이면서 국자로 가끔 저어준다.

7. 레몬 껍질이 투명해지고, 시럽이 반 정도로 줄어 걸쭉하게 될 때까지 졸인 다음, 잼병에 담아 냉장 보관한다.

오렌지 콩피

난이도 : ★
분량 : 시럽과 오렌지 껍질 합친 총 무게
　　　2.46kg
재료 : 오렌지 10개, 설탕과 물 1:1
도구 : 칼, 냄비, 국자, 잼병, 소쿠리

[준비하기]

1. 오렌지는 꼭지를 따고 물(분량 외)에 베이킹소다(분량 외)를 넣고 손으로 박박 문질러 씻고, 흐르는 물에 헹군다(물 1리터에 베이킹소다 4스푼).

2. 내열유리로 만든 병을 깨끗하게 씻어서 준비한다. 병과 뚜껑을 냄비에 넣고 병이 잠길 만큼 물(분량 외)을 넣어 끓인다. 물이 끓기 시작하면 약한 중간불로 줄이고, 10분 정도 끓여서 소독한다. 집게로 병과 뚜껑을 건져서 깨끗한 행주 위에 거꾸로 세워 말린다.

Comment :

콩피(Confit)는 시럽(설탕물)이나 기름에 식자재를 넣고 오랫동안 끓이는 요리기법입니다. 떫은맛을 제거하기 위해 여러 번 끓이는 작업이 귀찮기도 하지만, 시판 제품과 비교했을 때 식감이 더 쫄깃쫄깃하고 오렌지향이나 풍미가 뛰어나므로 손수 만든 오렌지 콩피로 맛의 고급스러움을 더하세요.

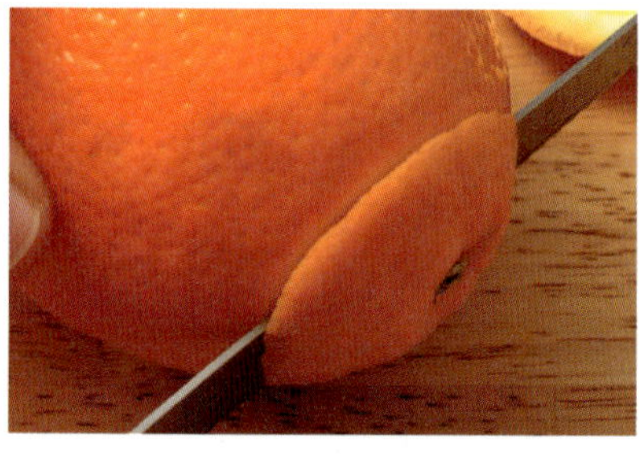  

1. 오렌지는 위아래를 잘라내고 껍질을 약 1cm 두께로 잘라낸다. 과육을 조금 붙여서 잘라내면 더 맛있다.

2. 약 1~1.5cm 폭으로 세로로 길게 자른다.

3. 냄비에 오렌지 껍질을 넣고 물(분량 외)을 넉넉하게 부어 강불에 올린다. 끓으면 2~3분 더 끓인다.

4. 물에 가볍게 헹구고, 소쿠리에 넣고 물기를 뺀다.

5. 같은 방법으로 끓이고 물기를 빼주는 과정을 4회 정도 반복한다(쓴맛과 떫은맛을 제거하는 작업으로 껍질에 붙어있는 유분도 제거된다).

6. 오렌지 껍질의 중량과 같은 양의 설탕과 물을 냄비에 넣고 끓여 시럽을 만든다.

7. 시럽이 담긴 냄비에 오렌지 껍질을 넣고 강불에 끓이면서 국자로 가끔 저어준다.

8. 끓으면서 생기는 거품은 국자로 걷어낸다.

9. 오렌지 껍질이 투명해지고, 시럽이 반 정도로 줄어 걸쭉하게 될 때까지 졸인 다음, 잼병에 담아 냉장 보관한다.

하나 더!

오렌지 껍질만 건져서 식힘망에 올려 하루 정도 꾸덕꾸덕하게 건조시키면 쫄깃한 젤리처럼 간식으로 드실 수 있어요.

바닐라 버터크림

[준비하기]

1. 버터, 달걀은 미리 냉장고에서 꺼내 차가운 기가 없도록 30분~1시간 정도 실온에 둔다.

Comment :

앙글레즈 크림은 우유, 설탕, 달걀노른자로 구성되어 있는 커스터드 풍미 크림으로 주로 아이스크림이나 무스, 바바루아 등에 쓰입니다. 본 책에서는 버터와 섞어서 마카롱의 필링으로 사용하고 있습니다. 달걀노른자는 70℃ 정도면 단단하게 응고되지만, 설탕이 노른자를 부드럽게 응고하도록 돕고, 약 83℃ 정도까지 졸여도 완전히 응고되지는 않습니다. 그 이상이 되면 노른자가 익어서 식감이 나빠지므로 주의합니다.

1. 볼에 달걀노른자와 설탕A를 넣고 공기를 포함하도록 거품기로 뽀얗게 섞는다. 달걀노른자에 설탕을 섞지 않고 방치하면, 노른자의 수분을 설탕이 흡수해 부분적으로 덩어리가 남으므로 바로 섞도록 한다. 뽀얗게 섞으면 열이 부드럽게 전달된다.

2. 냄비에 우유, 설탕B, 바닐라빈 씨앗(바닐라빈을 반으로 가른 다음 칼등으로 씨앗을 긁어서 넣는다. 32쪽 참고)과 껍질을 넣고 중약불에 올려 종종 냄비를 흔들거나 거품기 또는 실리콘 주걱으로 섞어주면서 설탕이 녹을 정도만 가열한다. 끓기 직전에 불에서 내린다.

3. 볼에 가열한 우유를 조금씩 천천히 부으면서 거품기로 섞는다.

4. 3을 체에 거르면서 냄비에 넣는다(바닐라빈 껍질 제거).

5. 중약불에 올려 실리콘 주걱이나 거품기로 바닥을 문지르듯이 계속 섞으면서 끓인다.

6. 끓기 전 상태는 주걱으로 건져 보았을 때 흐르듯이 떨어져 묽은 상태이다.

7. 졸이다가 걸쭉해지면 틈틈이 온도계로 온도를 잰다. 약 75℃ 정도가 되면 불을 조절해 온도가 너무 급속하게 올라가지 않도록 주의한다(순식간에 온도가 올라가면 실패할 수 있다).

8. 크림의 온도가 83℃ 정도가 되면 불에서 내린다(얼음물 등에 올려 더 이상 온도가 올라가지 않도록 한다).

9. 크림이 묻은 주걱을 손가락으로 그었을 때 흔적이 그대로 남는 정도의 농도이다.

10. 완성된 크림을 체에 내린다.

11. 앙글레즈 크림을 약 28℃로 식힌다(여름에는 냉장고에 잠시 넣어 온도를 내린다).

12. 28℃의 앙글레즈 크림과 실온 상태의 몰랑한 버터를 핸드믹서기 중속으로 섞어 버터크림을 만든다.

13. 용기에 담고 잠시 냉장고에 넣는다. 짤주머니에 넣어 마카롱 코크에 짰을 때 모양
을 유지할 정도로만 단단하게 굳혀서 사용한다.

Part 2.

절대 실패하지 않는 브레드

식 빵

난이도 : ★★★
분량 : 21.5cm×9.5cm×9.5cm(가로×세로×높이) 1개
재료 : 강력분 350g, 탈지분유 10g, 인스턴트 드라이이스트 4g, 설탕 28g, 소금 5g,
　　　 물 242~252g, 무염 버터 28g
도구 : 식빵틀(21.5cm×9.5cm×9.5cm), 거품기, 비커, 스크래퍼, 밀대, 랩(또는 면포)

준비하기

1. 버터는 미리 냉장고에서 꺼내 30분
　 ~1시간 정도 실온에 두어 차가운
　 기를 없앤다.

Comment :

담백하고 깔끔한 식감의 기본 식빵입
니다. 만드는 방법도 어렵지 않아서 초
보자들도 쉽게 도전할 수 있어요. 갓
구워져 나온 빵의 향기를 느껴보세요.

1. 볼에 강력분, 탈지분유, 설탕, 소금, 인스턴트 드라이이스트를 넣는다.

2. 거품기로 고루 섞어서 밀가루 코팅을 한다.

3. 물을 비커에 담고 조금씩 넣으면서 섞는다. 물의 양과 온도는 계절 혹은 작업환경에 따라 다르게 조절하므로, 반죽의 상태를 살피면서 변화시킨다.

4. 가루기가 없어질 때까지 섞어, 한 덩어리로 만든다.

5. 작업대 위로 반죽을 옮겨 스크래퍼나 손으로 반죽을 치댄다.

6. 스크래퍼나 손으로 반죽을 밀고, 접고, 당기는 등 계속 치댄다.

7. 스크래퍼로 반죽을 긁어모으는 것이 편리하다. 작업대에 문지르듯 계속 치댄다.

8. 찰기와 탄력이 생겨서 반죽이 작업대
에서 잘 떨어질 때까지 반죽한다.

9. 반죽을 한 덩어리로 뭉치고 납작하게 만든 후, 실온 상태의 몰랑한 버터를 반죽
위에 올리고 섞는다. 버터가 보이지 않도록 접어 반죽한다.

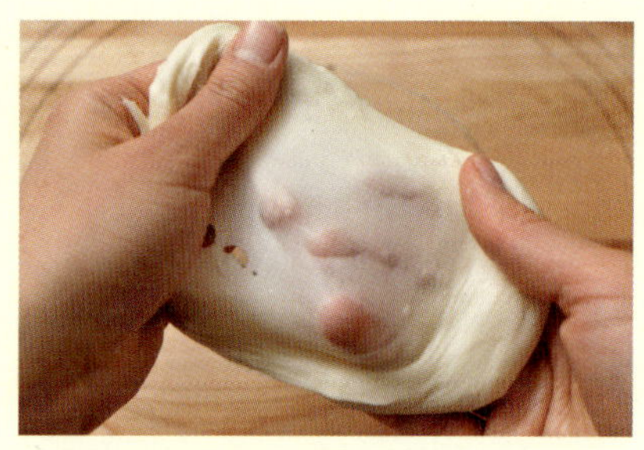

10. 반죽을 하다보면 반죽이 찢어지고
버터가 질척이게 되지만, 유지와 반
죽이 잘 섞이도록 치대는 과정을
반복한다.

11. 반죽이 작업대에서 깨끗하게 떨어지
고, 표면이 매끄러워질 때까지 치댄
다.

12. 반죽을 약간 떼서 둥글리고 손끝으
로 살살 늘려 보았을 때, 반죽이 끊
어지지 않고 탄력 있게 늘어나면서
매끈한 얇은 막처럼 만들어지는지
확인한다. 반죽에 손가락이 비칠 정
도로 얇게 늘어나야 한다.

13. 양손으로 가볍게 앞으로 끌어오는
과정을 반복해서 동그랗고 매끄러
운 원형 상태의 반죽을 만든다.

14. 볼에 담고 랩이나 젖은 면포를 씌
운다. 랩을 씌울 경우 숨구멍을 적
당히 뚫는다.

15. 약 50~60분 정도 1차 발효한다.

16. 손가락에 밀가루(분량 외)를 묻혀 반죽의 중앙을 찔렀을 때 자국이 그대로 남아 있고 반죽이 처음보다 2배 정도 부풀면 1차 발효를 완료한다.

17. 작업 도중 반죽의 표면에 큰 기포가 생기면 가볍게 눌러 없앤다.

18. 반죽의 깨끗한 면을 위로 하고 양 손으로 반죽을 가볍게 앞으로 당기는 과정을 반복해 표면을 동그랗고 매끈하고 팽팽하게 만든다.

19. 랩이나 젖은 면포를 덮고 30분 정도 중간 발효한다.

20. 반죽을 밀대로 밀어 펴면서 가스를 빼준다. 식빵틀의 사이즈에 맞게 반죽을 밀어준다. 사각형이 되도록 모양을 잡으면서, 반죽의 두께가 일정하도록 민다.

21. 반죽의 매끈한 면이 밑으로 향하도록 뒤집어, 둥글게 말아준다.

22. 반죽의 이음새 부분을 눌러 잘 봉한다.

23. 작업대 위에서 살짝 굴리면서 모양을 잡는다.

24. 반죽의 이음새가 밑으로 향하도록
식빵틀에 반죽을 넣는다.

25. 손등으로 반죽의 윗면을 가볍게 누
른다.

26. 따뜻한 곳에서 30~40분 정도 2
차 발효한다. 반죽의 가장 높은 부
분이 틀의 높이 정도로 부풀어 오
를 때까지 발효한다. 미리 180℃로
예열한 오븐에서 25~30분 정도
굽는다. 색이 균일하게 나오고, 내
부가 충분히 익을 수 있도록 굽는
중간에 팬의 위치를 반대로 바꾸어
준다.

PATISSERIE

식빵 플러스 레시피 – 시나몬 러스크

난이도 : ★
재료 : 식빵 5~6장, 무염 버터 30g, 설탕 30g, 시나몬가루 적당량
도구 : 그릇, 주걱, 칼

준비하기

1. 버터는 미리 냉장고에서 꺼내 30분 ~1시간 정도 실온에 두어 차가운 기를 없앤다.

Comment :

식빵이 오래되어 딱딱해지면 러스크를 만들어보세요. 시나몬향이 솔솔 나면서도 달콤하고 바삭바삭한 과자 같은 식감을 느낄 수 있답니다.

만드는 방법

1. 버터를 주걱으로 부드럽게 풀고 설탕을 넣어 섞은 후, 시나몬가루를 넣고 섞는다.

2. 식빵에 1을 얇게 바른 다음, 스틱 모양으로 자른다.

3. 테프론시트지를 깐 오븐팬에 적당한 간격을 두고 나열한다.

4. 미리 190℃로 예열한 오븐에서 약 10~15분 정도 노릇노릇하게 굽는다.

식빵 플러스 레시피 – 마늘빵

Comment :
마늘 냄새가 향긋하게 느껴지는 마늘
빵이에요. 아이와 어른 모두가 좋아하
는 인기 간식거리랍니다.

1. 올리브유, 파슬리가루(생략 가능), 설탕, 다진마늘을 넣고 섞는다.

2. 식빵 앞·뒤에 1을 적당량 바른다(뒷면을 바를 때는 밑에 식빵을 깔고 바르면 편하다).

3. 달군 프라이팬에 식빵을 앞뒤로 노릇노릇하게 굽는다.

4. 식힌 후, 스틱 모양으로 자른다.

식빵 플러스 레시피 – 크래미 달걀 샌드위치

난이도 : ★
재료 : 식빵 2장, 슬라이스치즈 1장, 삶은 달걀 1~2개, 크래미 적당량,
　　　허니머스터드소스 1큰술, 마요네즈 1큰술
도구 : 프라이팬

1. 달군 프라이팬에 식빵을 노릇노릇하게 굽는다.

2. 삶은 달걀을 동글동글하게 자른다.

3. 식빵 한 면에 허니머스터드 소스와 마요네즈를 섞어 바르고 슬라이스 치즈, 달걀, 크래미를 찢어 올리고 허니머스터드 소스와 마요네즈를 바른 식빵을 덮는다.

Comment :

삶은 달걀을 넣어 부드러운 이 샌드위치는 누구나 좋아한답니다. 재료도 구하기 쉽고, 만드는 방법도 간편하니 손쉽게 만들 수 있어요.

식빵 플러스 레시피 – 바나나 메이플시럽 토스트

난이도 : ★

재료 : 식빵 2장, 달걀 1~2개, 우유 2큰술, 바나나 1개, 버터 적당량, 아몬드슬라이스 적당량,
　　　메이플시럽 적당량

도구 : 거품기, 프라이팬, 뒤집개

만드는 방법

1. 볼에 달걀과 우유를 넣고 거품기로 섞은 후, 식빵을 적신다.

2. 달군 프라이팬에 버터를 녹여 식빵을 노릇노릇 굽는다. 구운 식빵을 접시에 담은 후, 바나나를 잘라 올리고, 슬라이스 아몬드를 뿌린다. 먹기 직전에 메이플시럽을 듬뿍 뿌린다.

Comment :

식빵을 달걀물에 적셔 굽는 부드러운 맛의 프렌치토스트예요. 설탕 대신 메이플시럽을 사용하여 더욱 고급스러운 단맛을 즐길 수 있답니다.

식빵 플러스 레시피 – 불고기 샌드위치

재료 : 식빵 2장, 소고기(불고기용) 100g, 양상추 2장, 양파 1/4개, 피클 적당량, 마요네즈 적당량
불고기 양념재료 : 간장 1큰술, 설탕 1/2큰술, 다진 마늘 1작은술, 참기름 1작은술, 다진 파 약간, 후춧가루 약간
도구 : 프라이팬, 종이호일, 끈

Comment :

소고기와 야채를 넣어 든든한 샌드위치입니다. 식빵을 노릇노릇하게 구워 마요네즈를 바르면 빵에 야채의 수분이 스며들어 눅눅해지는 것을 막아 신선한 샌드위치를 맛볼 수 있어요.

만드는 방법

1. 불고기 양념재료를 모두 섞어 준비한다. 소고기를 준비한 양념에 1시간 정도 재워두었다가 프라이팬에 굽는다.

2. 양상추와 양파를 채썬다.

3. 프라이팬에 식빵을 노릇노릇하게 구운 뒤, 마요네즈를 바른다.

4. 양상추 → 양파 → 피클 → 불고기 순으로 올린다.

5. 반으로 살짝 접은 채로 종이호일을 두른 뒤, 끈으로 묶어 고정시킨다.

초코 식빵

준비하기

1. 버터, 우유는 미리 냉장고에서 꺼내 30분~1시간 정도 실온에 두어 차가운 기를 없앤다.

Comment :

중간중간에 초콜릿이 스며들어 있는 식빵을 만들었어요. 코코아가루가 들어가 아주 먹음직스러운 색이 나요. 하지만 너무 까매질 수도 있으니 틈틈이 오븐 속을 확인해주세요.

1. 강력분, 코코아가루, 설탕, 소금, 인스턴트 드라이이스트를 볼에 넣고 거품기로 섞어 밀가루 코팅을 한다.

2. 우유를 조금씩 넣으면서 반죽한다.

3. 우유의 양은 계절 혹은 작업 환경에 따라 다르게 조절해야 하므로, 반죽의 상태를 살피며 가감한다.

4. 가루기가 없어질 때까지 섞어, 한 덩어리로 만든다.

5. 작업대 위로 반죽을 옮겨 손으로 반죽을 밀고, 접고, 당기는 등 계속 치댄다.

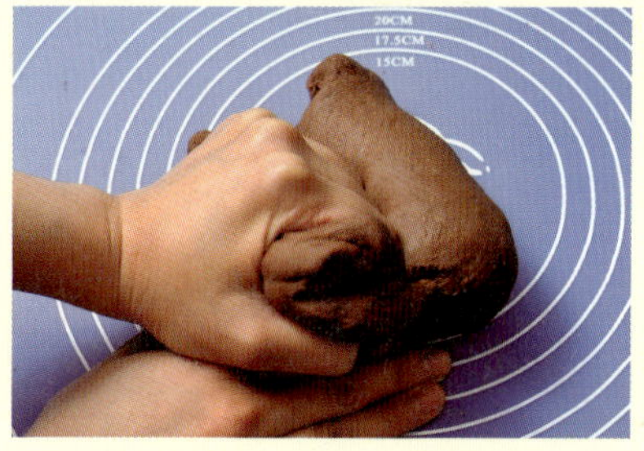

6. 찰기와 탄력이 생겨 반죽이 작업대에서 잘 떨어질 때까지 반죽한다.

7. 반죽을 한 덩어리로 뭉치고 납작하게 만든 후, 부드러운 상태의 버터를 반죽 위에 올리고 버터가 보이지 않도록 접어 반죽한다.

8. 반죽을 하다보면 반죽이 찢어지고 버터가 질척이지만, 반죽이 잘 섞이도록 치대는 과정을 반복한다.

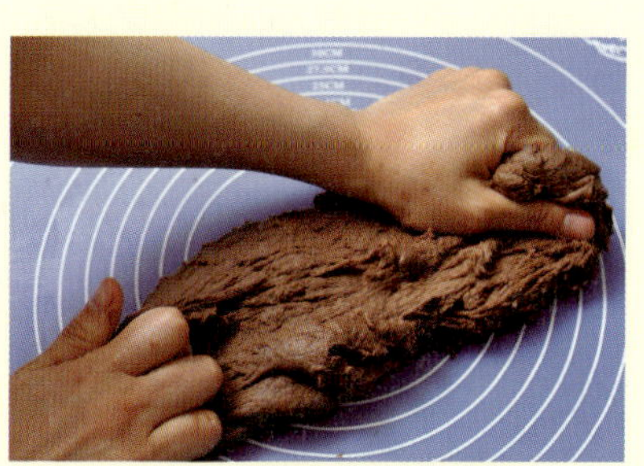

9. 반죽이 작업대에서 깨끗하게 떨어지고, 표면이 매끄러워질 때까지 치댄다.

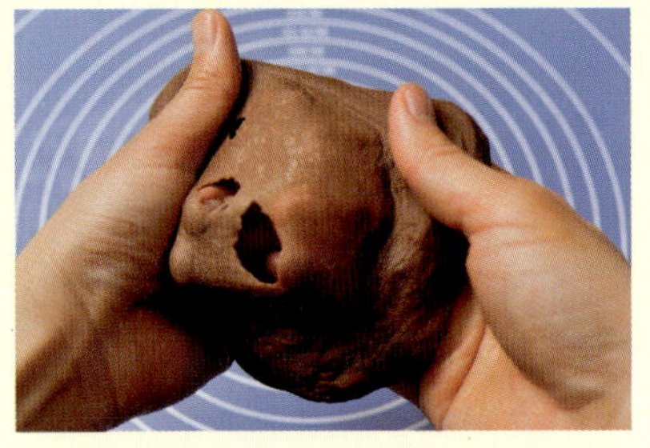

10. 반죽을 약간 떼서 둥글려 손끝으로 살살 늘려 보았을 때, 반죽이 끊어지지 않고 탄력 있게 늘어나면서 매끈한 얇은 막처럼 만들어지는 것을 확인한다. 반죽에 손가락이 비칠 정도로 얇게 늘어나야 한다.

11. 양손으로 가볍게 앞으로 끌어오는 과정을 반복해 동그랗고 매끄러운 원형 상태의 반죽을 만든다.

12. 볼에 담고 랩이나 젖은 면포를 씌운다. 랩을 씌울 경우 숨구멍을 적당히 뚫는다.

13. 약 50~60분 정도 1차 발효한다.

14. 손가락에 밀가루(분량 외)를 묻혀 반죽의 중앙을 찔렀을 때 자국이 그대로 남아 있고 반죽이 처음보다 2배 정도 부풀면 1차 발효를 완료한다.

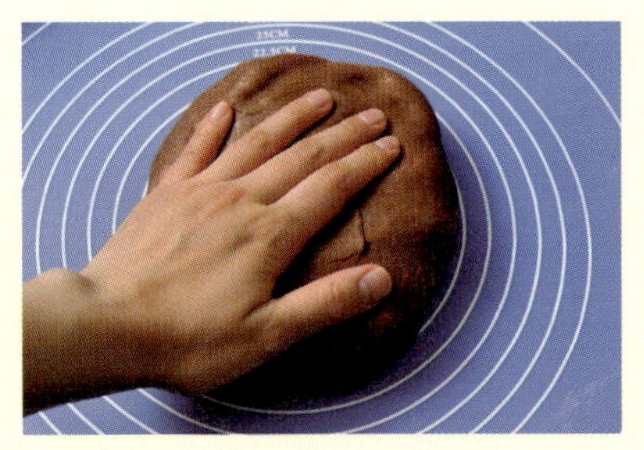

15. 작업 도중 반죽의 표면에 큰 기포가 생기면 가볍게 눌러 없앤다.

16. 반죽의 깨끗한 면을 위로 하고 양손으로 반죽을 가볍게 앞으로 당기는 과정을 반복해서 표면을 동그랗고 매끈하고 팽팽하게 만든다.

17. 랩이나 젖은 면포를 덮고 30분 정도 중간 발효한다.

18. 반죽을 밀대로 밀어 펴면서 큰 가스를 빼준다. 식빵틀의 사이즈에 맞게 반죽을 밀어준다. 사각형이 되도록 모양을 잡으면서, 반죽의 두께가 일정하도록 민다.

19. 반죽의 매끈한 면이 밑으로 향하도록 뒤집은 후, 초코칩을 골고루 뿌리고 손바닥으로 살짝 눌러준다.

20. 반죽을 단단하게 조이듯이 말아준다.

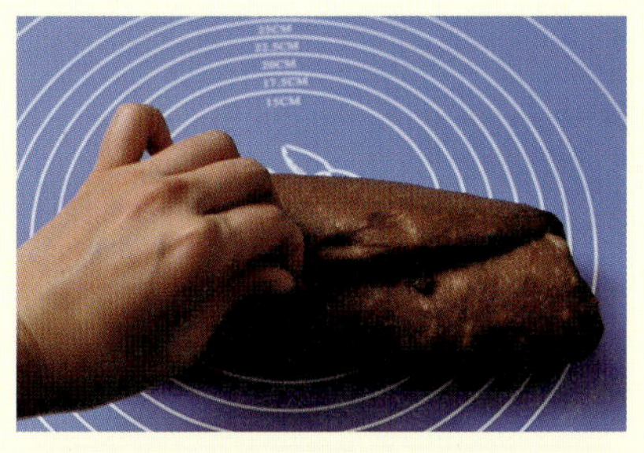

21. 반죽의 이음새 부분을 눌러 잘 붙인 다음, 작업대 위에서 살짝 굴리면서 모양을 잡는다.

22. 식빵틀에 반죽을 넣는데, 이음새가 밑으로 향하도록 한다.

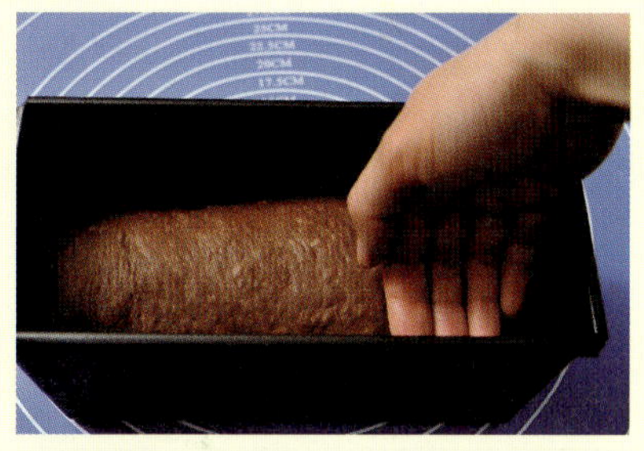

23. 손등으로 반죽의 윗면을 가볍게 누른다.

24. 따뜻한 곳에서 30~40분 정도 2차 발효한다. 반죽의 가장 높은 부분이 틀의 높이 정도로 부풀어 오를 때까지 발효한다.

25. 미리 180℃로 예열한 오븐에서 25~30분 정도 굽는다. 색이 균일하게 나오고, 내부가 충분히 익을 수 있도록 굽는 중간에 팬의 위치를 반대로 바꾼다 (너무 빠른 시간 안에 색이 진하게 나타날 경우, 더 이상 타지 않도록 쿠킹호일을 덮는다).

호두 통밀 식빵

분량 : 21.5cm×9.5cm×9.5cm(가로×세로×높이) 1개
재료 : 강력분 308g, 통밀가루 42g, 탈지분유 14g, 설탕 28g, 소금 4g,
　　　인스턴트 드라이이스트 4g, 물 217g, 무염 버터 28g, 호두 잘게 자른 것 100g
도구 : 거품기, 식빵틀(21.5cm×9.5cm×9.5cm), 밀대, 랩(또는 면포)

준비하기

1. 버터는 미리 냉장고에서 꺼내 30분~1시간 정도 실온에 두어 차가운 기를 없앤다.

2. 호두는 전처리하여 준비한다(호두 전처리는 34쪽 참고).

Comment :

호두와 통밀이 들어가 고소한 맛이 나는 호두 통밀 식빵입니다. 호두는 데친 후, 오븐에 노릇노릇하게 구워 불순물을 제거해야 해요. 이러한 전처리 과정을 거치면 고소한 맛이 한층 더 강해진답니다.

1. 볼에 강력분, 통밀가루, 탈지분유, 설탕, 소금, 인스턴트 드라이이스트를 넣는다.

2. 거품기로 고루 섞어 밀가루 코팅을 한다.

3. 물을 비커에 담고 조금씩 넣으면서 섞는다(발효가 진행되는 동안 호두가 수분을 흡수해 반죽이 되직해질 수 있으므로 반죽을 약간 질게 하는 것이 좋다).

4. 가루기가 없어질 때까지 섞어, 한 덩어리로 만든다.

5. 손으로 반죽을 밀고, 접고, 당기는 등 계속 치댄다. 찰기와 탄력이 생겨 반죽이 작업대에서 잘 떨어질 때까지 반죽한다.

6. 반죽을 한 덩어리로 뭉치고 납작하게 만든 후, 부드러운 상태의 버터를 반죽 위에 올리고 섞는다. 버터가 보이지 않도록 반죽을 접어 반죽한다.

7. 반죽을 하다보면 반죽이 찢어지고 버터가 질척이지만 반죽이 잘 섞이도록 치대는 과정을 반복한다. 반죽이 작업대에서 깨끗하게 떨어지고, 표면이 매끄러워질 때까지 치댄다.

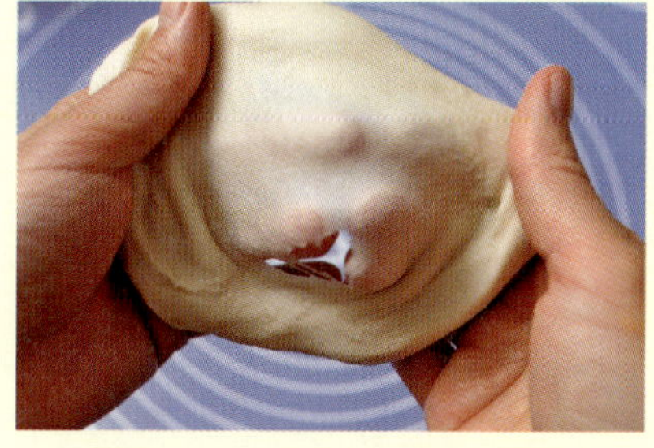

8. 반죽을 약간 떼서 둥글리고 손끝으로 살살 늘려 보았을 때, 반죽이 끊어지지 않고 탄력 있게 늘어나면서 매끈한 얇은 막처럼 만들어지는지 확인한다. 반죽에 손가락이 비칠 정도로 얇게 늘어나야 한다.

9. 반죽을 납작하게 누른 뒤, 전처리한 호두를 올린다. 처음부터 호두를 넣고 반죽하게 되면 반죽에 형성된 글루텐을 호두가 끊게 되므로 나중에 넣어 잘 섞는 정도로만 반죽한다.

10. 양손으로 가볍게 앞으로 끌어오는 과정을 반복해 동그랗고 매끄러운 원형 상태의 반죽을 만든다.

11. 볼에 담고 랩이나 젖은 면포를 씌워 따뜻한 곳에서 약 50~60분 정도 1차 발효한다. 랩을 씌울 경우 숨구멍을 적당히 뚫는다.

12. 손가락에 밀가루(분량 외)를 묻혀 반죽의 중앙을 찔렀을 때 자국이 그대로 남아 있고 반죽이 처음보다 2배 정도 부풀면 1차 발효를 완료한다.

13. 작업 도중 반죽의 표면에 큰 기포가 생기면 가볍게 눌러 없앤다.

14. 반죽의 깨끗한 면을 위로 하고 양손으로 반죽을 가볍게 앞으로 당기는 과정을 반복해 표면을 동그랗고 매끈하고 팽팽하게 만든다.

15. 랩이나 젖은 면포를 덮고 30분 정도 중간 발효한다.

16. 반죽을 밀대로 밀어 펴면서 큰 가스를 빼준다. 식빵틀의 사이즈에 맞게 반죽을 밀어준다. 사각형이 되도록 모양을 잡으면서, 반죽의 두께가 일정하도록 민다.

17. 반죽의 매끈한 면이 밑쪽을 향하도록 뒤집어, 둥글게 말아준다.

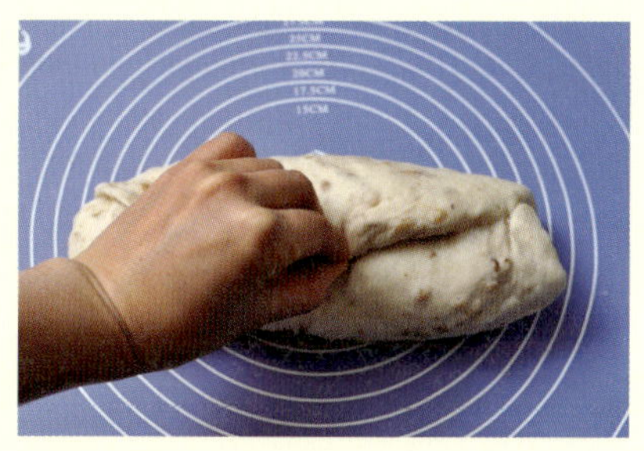

18. 다 말면 반죽의 이음새 부분을 꼬집어 잘 봉한다.

19. 작업대 위에서 살짝 굴리면서 모양을 잡는다.

20. 식빵틀에 반죽을 넣는데, 이음새가 밑으로 향하도록 한다. 손등으로 반죽의 윗면을 가볍게 누른다.

21. 따뜻한 곳에서 30~40분 정도 2차 발효한다. 반죽의 가장 높은 부분이 틀의 높이 정도로 부풀어 오를 때까지 발효한다.

22. 미리 180℃로 예열한 오븐에서 25~30분 정도 굽는다. 색이 균일하게 나오고, 내부가 충분히 익을 수 있도록, 굽는 중간에 팬의 위치를 반대로 바꾼다.

23. 식빵은 옆면까지 노릇노릇하게 구워야 식은 후 빵칼로 잘랐을 때 무너지지 않는다.

검은깨 식빵

준비하기

1. 버터는 미리 냉장고에서 꺼내 30분~1시간 정도 실온에 두어 차가운 기를 없앤다.

2. 검은깨는 믹서에 곱게 갈아서 준비한다.

Comment :

검은깨와 메이플시럽으로 만들어 달콤한 향과 고소한 향을 모두 느낄 수 있는 식빵이에요. 메이플시럽이 들어가기 때문에 반죽이 질어질 수 있으니, 반죽의 진 정도를 잘 조절하며 물을 넣어주세요. 메이플시럽의 양이 많기 때문에, 다른 식빵에 비해 색이 빨리 납니다. 너무 빠른 시간 안에 색이 진하게 나타난다면, 쿠킹호일을 덮고 충분히 구워주세요.

1. 볼에 강력분, 곱게 간 검은깨, 소금, 인스턴트 드라이이스트를 넣는다.

2. 거품기로 고루 섞어서 밀가루 코팅을 한 후, 메이플시럽을 넣는다.

3. 물을 비커에 담고 조금씩 넣으면서 섞는다. 물의 양과 온도는 계절 혹은 작업환경에 따라 다르게 조절하므로, 반죽의 상태를 살피면서 변화시킨다.

4. 가루기가 없어질 때까지 섞어, 한 덩어리로 만든다.

5. 작업대 위로 반죽을 옮겨 손으로 밀고, 접고, 당기는 등 계속 치댄다. 찰기와 탄력이 생겨 반죽이 작업대에서 잘 떨어질 때까지 반죽한다.

6. 반죽을 한 덩어리로 뭉치고 납작하게 만든 후, 실온 상태의 몰랑한 버터를 반죽 위에 올리고 섞는다. 버터가 보이지 않도록 반죽을 접어 반죽한다.

7. 반죽을 하다보면 반죽이 찢어지고 버터가 질척이지만, 반죽과 잘 섞이도록 치대는 과정을 반복한다.

8. 반죽이 작업대에서 깨끗하게 떨어지고, 표면이 매끄러워질 때까지 치댄다.

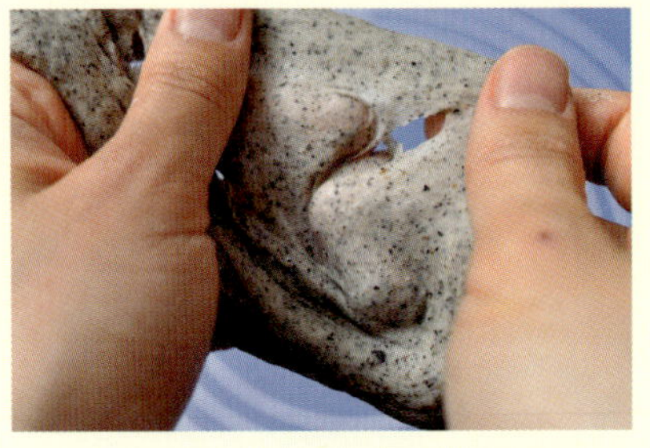

9. 반죽을 약간 떼서 둥글리고 손끝으로 살살 늘려 보았을 때, 반죽이 끊어지지 않고 탄력 있게 늘어나면서 매끈한 얇은 막처럼 만들어지는지 확인한다. 반죽에 손가락이 비칠 정도로 얇게 늘어나야 한다.

10. 양손으로 가볍게 앞으로 끌어오는 과정을 반복해 동그랗고 매끄러운 원형 상태의 반죽을 만든다.

11. 볼에 담고 랩이나 젖은 면포를 씌운다. 랩을 씌울 경우 숨구멍을 적당히 뚫는다.

12. 따뜻한 곳에서 50~60분 정도 1차 발효한다.

13. 손가락에 밀가루(분량 외)를 묻혀 반죽의 중앙을 찔렀을 때 자국이 그대로 남아 있고 반죽이 처음보다 2배 정도 부풀면 1차 발효를 완료한다.

14. 작업 도중 반죽의 표면에 큰 기포가 생기면 가볍게 눌러 없앤다. 반죽의 깨끗한 면을 위로 하고 양손으로 반죽을 가볍게 앞으로 당기는 과정을 반복해 표면을 동그랗고 매끈하고 팽팽하게 만든다.

15. 반죽을 저울에 올려 잰 다음, 스크래퍼를 이용하여 정확하게 3등분한다.

16. 가볍게 둥글려준다.

17. 랩이나 젖은 면포를 덮고 따뜻한 곳에서 20분 정도 중간 발효한다.

18. 반죽을 밀대로 밀어 펴면서 큰 가스를 뺀 후, 반죽의 매끈한 면이 밑으로 향하도록 뒤집는다.

19. 반죽의 양쪽 면을 안쪽으로 접은 뒤, 손바닥으로 누른다.

20. 원통 모양으로 단단히 둥글게 말아준다.

21. 반죽의 이음새 부분을 꼬집어 잘 봉한다. 나머지 2개의 반죽도 동일하게 작업한다.

22. 식빵틀에 성형한 반죽의 이음새가 바닥으로 향하도록, 중간부터 반죽을 넣는다. 손등으로 반죽의 윗면을 가볍게 누른다.

23. 따뜻한 곳에서 30~40분 정도 2차 발효한다. 반죽의 가장 높은 부분이 틀보다 1cm 정도 더 높게 부풀어 오를 때까지 발효한다.

24. 미리 180℃로 예열한 오븐에서 25~30분 정도 굽는다. 색이 균일하게 나오고, 내부가 충분히 익을 수 있도록 굽는 중간에 팬의 위치를 반대로 바꾸어준다.

검은깨 식빵 플러스 레시피 – 앙버터 샌드

난이도 : ★★★

재료 : 검은깨 식빵 1장, 무염 버터 적당량, 적앙금 적당량

만드는 방법

1. 검은깨 식빵 1장을 반으로 자른다. 식빵 한쪽에는 버터를 올리고, 다른 한 쪽에는 적앙금을 바른다.

2. 두 식빵을 포갠다.

Comment :

심플하게 식빵에 팥소와 버터만 발라도 생각보다 풍미가 좋아요. 버터를 두껍게 바르면 더욱 맛있답니다.

시나몬 식빵

난이도 : ★★★
분량 : 21.5cm×9.5cm×9.5cm(가로×세로×높이) 1개
재료 : 강력분 360g, 설탕 43g, 소금 4g, 인스턴트 드라이이스트 5g,
　　　 우유 242~252g, 무염 버터A 36g
속재료 : 무염 버터B 9g, 머스코바도 설탕 약 30g, 시나몬가루 적당량
도구 : 거품기, 식빵틀(21.5cm×9.5cm×9.5cm), 밀대, 랩(또는 면포),
　　　 붓, 스크래퍼

준비하기

1. 버터, 우유는 미리 냉장고에서 꺼내 30분~1시간 정도 실온에 두어 차가운 기를 없앤다.

2. 머스코바도 설탕은 비정제 설탕이므로 사용하기 전에 믹서에 곱게 갈아 사용한다(일반 설탕으로 대체 가능).

Comment :

시나몬 향이 솔솔~. 향만으로도 시나몬 맛을 느낄 수 있는 부드럽고 촉촉한 식빵입니다. 적당한 크기로 잘라 그냥 먹어도 달콤해서 맛있습니다.

1. 볼에 강력분, 설탕, 소금, 인스턴트 드라이이스트를 넣는다. 거품기로 고루 섞어 밀가루 코팅을 한다.

2. 우유를 조금씩 넣으며 섞는다. 가루와 수분이 서서히 섞이면서 가루기가 없어지고, 한 덩어리로 뭉쳐진다.

3. 작업대로 반죽을 옮겨 밀고, 접고, 당기는 등 계속 치댄다. 찰기와 탄력이 생겨 반죽이 작업대에서 잘 떨어질 때까지 반죽한다.

4. 반죽을 한 덩어리로 뭉치고 납작하게 만든 후, 버터A를 올리고 섞는다. 버터가 보이지 않게 반죽을 접어 반죽한다.

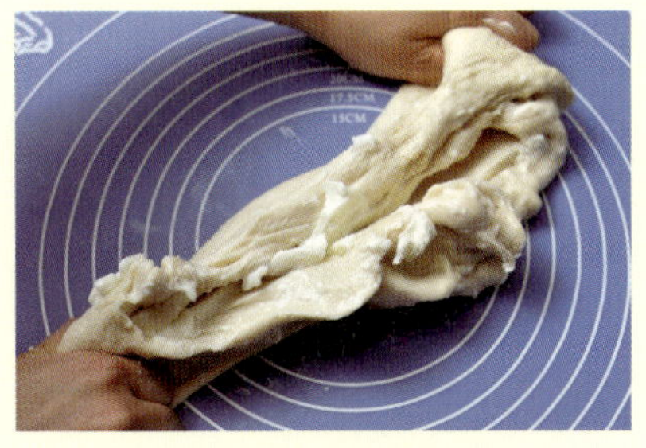

5. 반죽을 하다보면 반죽이 찢어지고 버터가 질척이지만, 반죽과 잘 섞이도록 치대는 과정을 반복한다.

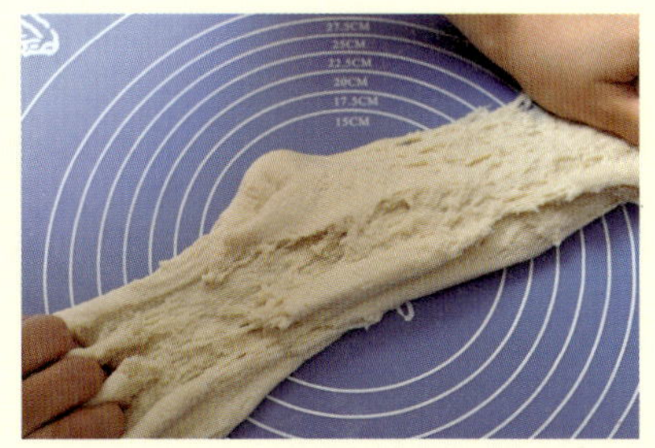

6. 반죽이 작업대에서 깨끗하게 떨어지고, 표면이 매끄러워질 때까지 치댄다. 반죽을 약간 떼서 둥글린 후 손끝으로 살살 늘려 보았을 때 반죽이 끊이지 않고 탄력 있게 늘어나면서 매끈한 얇은 막처럼 만들어지는지 확인한다. 반죽에 손가락이 비칠 정도로 얇게 늘어나면 완성이다.

7. 양손으로 반죽을 앞으로 가볍게 끌어오는 과정을 반복해 동그랗고 매끄러운 상태로 만든다.

8. 반죽을 볼에 담고 랩이나 젖은 면포를 씌운다. 랩을 씌울 경우 숨구멍을 적당히 뚫는다.

9. 따뜻한 곳에서 약 50~60분 정도 1차 발효시킨다.

10. 손가락에 밀가루(분량 외)를 묻혀 반죽의 중앙을 찔렀을 때 자국이 그대로 남아 있고, 반죽이 처음보다 2배 정도 부풀면 1차 발효가 완료된다.

11. 손바닥으로 반죽을 가볍게 눌러 기포를 없애준다.

  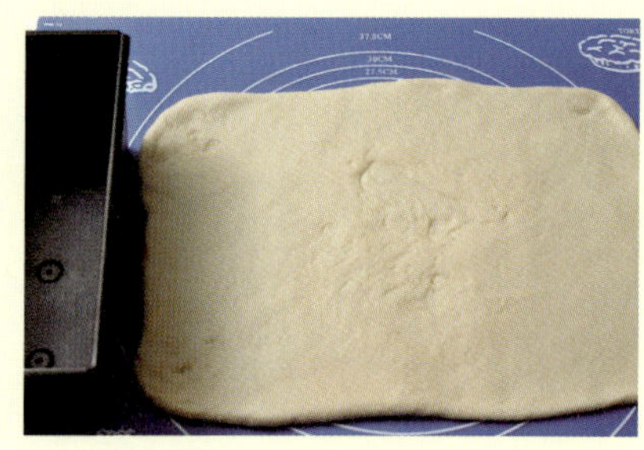

12. 반죽의 깨끗한 면을 위로 오게 하고, 양손으로 반죽을 앞으로 가볍게 끌어오는 과정을 반복해 표면을 동그랗고 매끈하고 팽팽하게 만들어 준다. 랩이나 젖은 면포를 덮고 약 30분 정도 중간 발효시킨다.

13. 반죽을 밀대로 밀어 펴면서 큰 가스를 빼고, 식빵틀 사이즈에 맞게 밀어준다.

14. 사각형이 되도록 모양을 정리하면서 가스를 빼고, 반죽의 두께와 모양이 일정하도록 만든다. 반죽의 매끈한 면이 밑으로 향하도록 뒤집어 준다.

15. 실온에 두어 몰랑한 상태의 버터B를 붓으로 반죽에 발라준다.

16. 머스코바도 설탕을 골고루 뿌린 다음, 시나몬가루를 적당량 뿌린다(머스코바도 설탕이 없으면 흑설탕으로 대체 가능).

17. 둥글게 말아 준다.

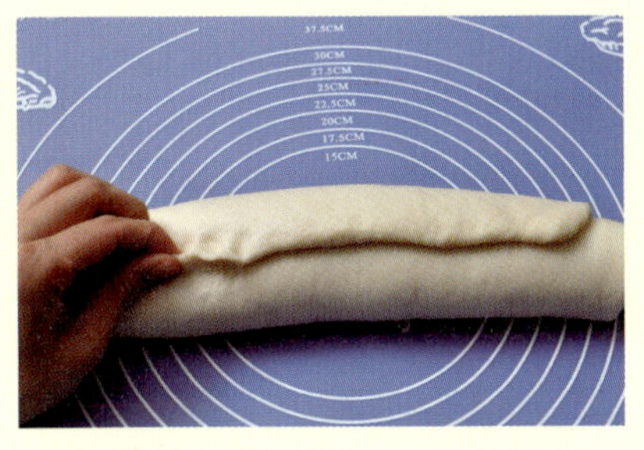
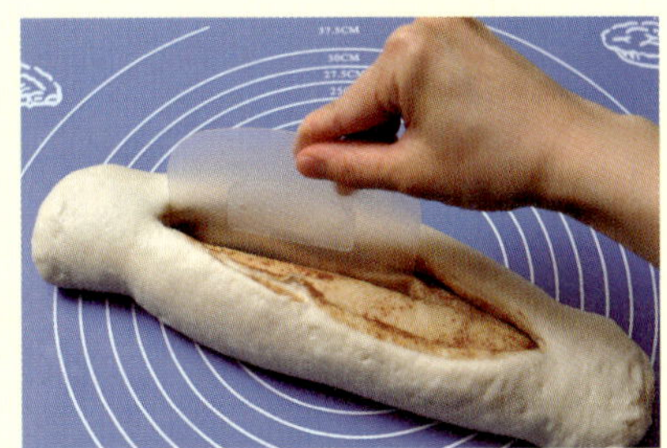

18. 반죽의 이음새 부분을 꼬집어 잘 봉해준다. 작업대에서 살짝 굴리면서 모양을 잡는다.

19. 반죽의 한쪽은 남겨두고 스크래퍼나 칼로 반을 자른다.

20. 반으로 자른 두 줄을 교차시켜 꼬아준다.

21. 마지막 부분은 풀어지지 않도록 꼭 꼭 집어서 봉한다.

22. 식빵틀에 반죽을 넣는다.

23. 따뜻한 곳에서 30~40분 정도 2차 발효시킨다. 반죽의 가장 높은 부분이 빵틀에서 1cm 높이 정도까지 부풀 때까지 발효시킨다.

24. 미리 180℃로 예열한 오븐에서 25~30분 정도 굽는다. 일정시간 굽다가 색이 균일하게 나오고, 내부가 충분히 익을 수 있도록 굽는 중간에 팬의 위치를 반대로 바꾸어준다.

감자 빵

난이도 : ★★★

분량 : 지름 8~9cm 10개
재료: 강력분 350g, 탈지분유 14g, 설탕 35g, 소금 7g, 인스턴트 드라이이스트 6g,
       물 170~175g, 익힌 감자(으깬 것) 140g, 무염 버터 28g
장식 : 강력분 적당량
도구 : 거품기, 스크래퍼, 랩(또는 면포), 테프론시트지, 분당체, 나무젓가락

준비하기

1. 버터는 미리 냉장고에서 꺼내 30분~1시간 정도 실온에 두어 차가운 기를 없앤다.

2. 감자는 익힌 뒤, 으깨서 식혀둔다.

Comment :

감자를 넣어 포실포실하고 부드러운 빵이에요. 나무젓가락으로 꾹 눌러 주기만 하면 귀여운 모양이 만들어지므로 초보자도 쉽게 모양을 낼 수 있어요.

1. 볼에 강력분, 탈지분유, 설탕, 소금, 인스턴트 드라이이스트를 넣는다. 거품기로 고루 섞어 밀가루 코팅을 한다.

2. 으깬 감자를 넣고 손으로 고루 섞는다.

3. 물을 조금씩 넣으며 섞는다. 가루와 수분이 서서히 섞이면서 가루기가 없어지고, 한 덩어리가 된다. 반죽이 질척한 편이므로 물은 많이 넣지 않는다.

4. 작업대 위로 반죽을 옮겨 손으로 반죽을 밀고, 접고, 당기는 등 계속 치댄다. 찰기와 탄력이 생겨서 반죽이 작업대에서 잘 떨어질 때까지 반죽한다. 반죽이 질척거리면 강력분(분량 외)을 뿌려가면서 작업한다.

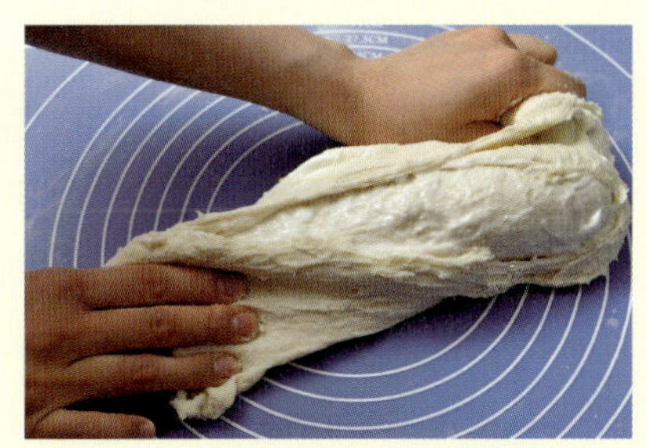

5. 반죽을 한 덩어리로 뭉치고 납작하게 만든 후, 버터를 반죽 위에 올리고 섞는다. 버터가 보이지 않도록 반죽을 접어 반죽한다.

6. 반죽을 하다보면 반죽이 찢어지고 버터가 질척이지만, 반죽과 잘 섞이도록 치대는 과정을 반복한다. 반죽이 작업대에서 깨끗하게 떨어지고, 표면이 매끄러워질 때까지 치댄다.

7. 반죽의 깨끗한 면을 위로 하여 양손으로 가볍게 앞으로 끌어오는 과정을 반복해 동그랗고 매끄럽고 길쭉한 상태의 반죽을 만든다.

8. 60분 정도 1차 발효를 시킨 다음 반죽을 스크래퍼로 10등분(약 72g)한다.

9. 가스를 빼면서 가볍게 둥글린다.

10. 반죽이 마르지 않도록 랩이나 젖은 면포를 덮어 약 20분 정도 둔다.

11. 오븐팬에 테프론시트지를 깐 다음, 간격을 두고 반죽을 나열한다.

12. 분당체로 강력분(장식용)을 살짝 뿌리고, 나무젓가락으로 중앙을 눌러 움푹 파이게 한다.

13. 반죽이 1.5배 정도 부풀 때까지 따뜻한 곳에서 약 40분 정도 발효시킨다.

14. 발효가 끝난 반죽의 중앙이 움푹 파이도록 나무젓가락으로 한 번 더 누른다.

15. 미리 180℃로 예열한 오븐에서 약
13분 정도 굽는다.

연유 빵

난이도 : ★ ★ ★
분량 : 7cm×8cm(가로×세로) 네모 모양 16개
재료 : 강력분 250g, 설탕 10g, 소금 3g, 인스턴트 드라이이스트 3g, 우유 100g,
　　　 물 45~55g, 연유 30g, 무염 버터 25g
장식 : 달걀노른자 1개
도구 : 거품기, 랩(또는 면포), 밀대, 스크래퍼, 테프론시트지, 붓

준비하기

1. 우유, 물, 연유는 모두 비커에 담고 30분~1시간 정도 실온에 두어 차가운 기를 없앤다.

2. 버터는 미리 냉장고에서 꺼내 30분~1시간 정도 실온에 두어 차가운 기를 없앤다.

Comment :

연유가 들어가 굽는 내내 향도 좋고, 완성된 빵 냄새도 참 좋은 촉촉한 빵이에요. 반죽을 밀어 편 다음 잘라 손쉽게 만들 수 있는 빵이므로 부담 없이 만들어보세요.

만드는 방법

1. 볼에 강력분, 설탕, 소금, 인스턴트 드라이이스트를 넣고 거품기로 섞는다.

2. 미리 섞어 놓은 물, 우유, 연유를 넣으며 손으로 섞는다. 가루분이 없어지면서 반죽이 뭉쳐진다(수분의 양은 계절에 따라 또는 작업 환경에 따라 달라질 수 있으므로, 반죽의 상태에 따라 가감한다).

3. 손으로 반죽을 밀고, 접고, 당기는 등 계속 치댄다. 찰기와 탄력이 생겨 반죽이 작업대에서 잘 떨어질 때까지 반죽한다.

4. 반죽을 한 덩어리로 뭉치고 납작하게 만든 후, 버터를 반죽 위에 올리고 섞는다. 버터가 보이지 않도록 반죽을 접어 반죽한다.

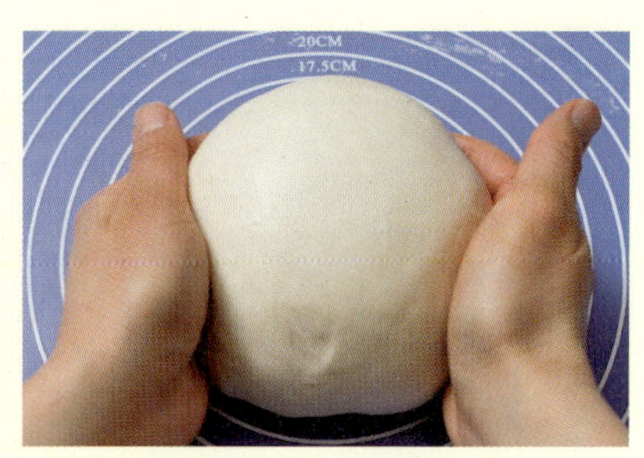

5. 반죽을 하다보면 반죽이 찢어지고 버터가 질척이지만, 반죽과 잘 섞이도록 치대는 과정을 반복한다. 반죽이 작업대에서 깨끗하게 떨어지고, 표면이 매끄러워질 때까지 치댄다.

6. 반죽을 약간 떼서 둥글리고 손끝으로 살살 늘려 보았을 때, 반죽이 끊어지지 않고 탄력 있게 늘어나면서 매끈한 얇은 막처럼 만들어지는지 확인한다. 반죽에 손가락이 비칠 정도로 얇게 늘어나야 한다.

7. 반죽을 양손으로 가볍게 앞으로 끌어오는 과정을 반복해 동그랗고 매끄러운 원형 상태의 반죽을 만든다.

8. 볼에 담고 랩이나 젖은 면포를 씌운다. 랩을 씌울 경우 숨구멍을 적당히 뚫어, 따뜻한 곳에서 약 50~60분 정도 1차 발효한다.

9. 손가락에 밀가루(분량 외)를 묻혀 반죽의 중앙을 찔렀을 때 자국이 그대로 남아있고 반죽이 처음보다 2배 정도 부풀면 1차 발효를 완료한다. 손으로 가볍게 눌러 반죽 속 기포를 없앤다.

10. 반죽의 깨끗한 면을 위로 하고 양손으로 반죽을 가볍게 앞으로 당기는 과정을 반복해 표면을 동그랗고 매끈하고 팽팽하게 만든다. 랩이나 젖은 면포를 덮고 20분 정도 중간 발효한다.

11. 사각형이 되도록 모양을 정리하면서 반죽을 밀대로 밀어 가스를 뺀다. 반죽의 두께와 모양이 일정하도록 밀어준다.

12. 반죽을 스크래퍼로 16등분한다.

13. 테프론시트지를 깐 오븐팬에 적당한 간격을 두고 반죽을 나열한다.

14. 달걀노른자(장식용)를 풀어준 후, 붓으로 반죽 윗부분에 바른다. 따뜻한 곳에서 약 40분 정도 2차 발효한다. 처음보다 2배 정도 부풀어 오를 때까지 발효한다.

15. 미리 180℃로 예열한 오븐에서 10~12분 정도 굽는다. 색이 균일하게 나올 수 있도록, 굽는 중간에 팬의 위치를 반대로 바꾼다.

버터 롤

난이도 : ★★★
분량 : 약 13개
재료 : 강력분 320g, 설탕 8g, 소금 5g, 인스턴트 드라이이스트 3g, 우유 166~176g,
　　　 달걀 48g, 꿀 16g, 무염 버터 56g
장식 : 달걀물(달걀노른자 1개, 물 2큰술) 적당량
도구 : 거품기, 랩(또는 면포), 스크래퍼, 밀대, 테프론시트지, 붓

준비하기

1. 버터, 우유, 달걀은 미리 냉장고에서 꺼내 30분~1시간 정도 실온에 두어 차가운 기를 없앤다.

2. 우유, 달걀은 비커에 함께 계량해 둔다.

Comment :

버터의 부드러운 맛과 온화한 발효향이 좋은 버터롤은 그냥 먹어도 맛있어요. 돌돌 말아 귀여운 모양을 내기가 까다롭지 않기 때문에 초보자가 만들기에 좋답니다.

1. 볼에 강력분, 설탕, 소금, 인스턴트 드라이이스트를 넣는다. 거품기로 고루 섞어 밀가루 코팅을 한 뒤, 꿀을 넣는다.

2. 우유, 달걀을 조금씩 넣으며 섞는다.

3. 가루와 수분이 서서히 섞이면서 가루기가 없어지고, 한 덩어리가 된다.

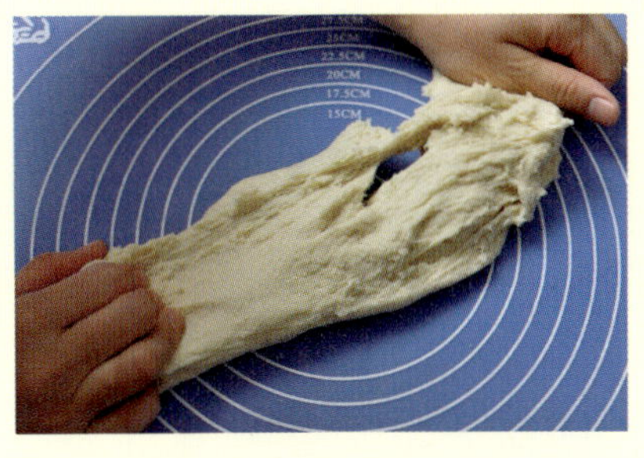

4. 작업대 위로 반죽을 옮겨 손으로 반죽을 밀고, 접고, 당기는 등 계속 치댄다. 찰기와 탄력이 생겨 반죽이 작업대에서 잘 떨어질 때까지 반죽한다.

5. 반죽을 한 덩어리로 뭉치고 납작하게 만든 후, 버터를 반죽 위에 올리고 섞는다. 버터가 보이지 않도록 반죽을 접어 반죽한다.

6. 반죽을 하다보면 반죽이 찢어지고 버터가 질척이지만, 반죽과 잘 섞이도록 치대는 과정을 반복한다. 반죽이 작업대에서 깨끗하게 떨어지고, 표면이 매끄러워질 때까지 치댄다.

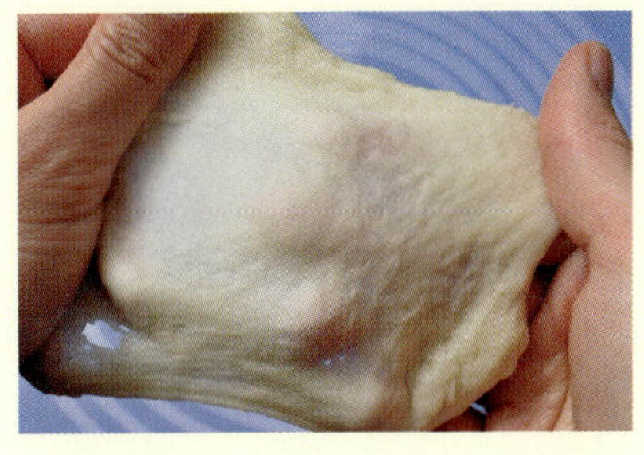

7. 반죽을 약간 떼서 둥글리고 손끝으로 살살 늘려 보았을 때, 반죽이 끊어지지 않고 탄력 있게 늘어나면서 매끈한 얇은 막처럼 만들어지는지 확인한다. 반죽에 손가락이 비칠 정도로 얇게 늘어나야 한다.

8. 양손으로 가볍게 앞으로 끌어오는 과정을 반복해서 동그랗고 매끄러운 원형 상태의 반죽을 만든다.

9. 볼에 담고 랩이나 젖은 면포를 씌운다. 랩을 씌울 경우 숨구멍을 적당히 뚫는다.

10. 따뜻한 곳에서 50~60분 정도 1차 발효한다.

11. 손가락에 밀가루(분량 외)를 묻혀 반죽의 중앙을 찔렀을 때 자국이 그대로 남아있고 반죽이 처음보다 2배 정도 부풀면 1차 발효를 완료한다. 손바닥으로 가볍게 눌러 기포를 없앤다.

12. 반죽의 깨끗한 면을 위로 향하게 한 뒤, 양손으로 반죽을 가볍게 앞으로 당기는 과정을 반복하여 표면을 동그랗고 매끈하고 팽팽하고 길쭉하게 만든다. 스크래퍼로 반죽을 약 45g씩 분할한다.

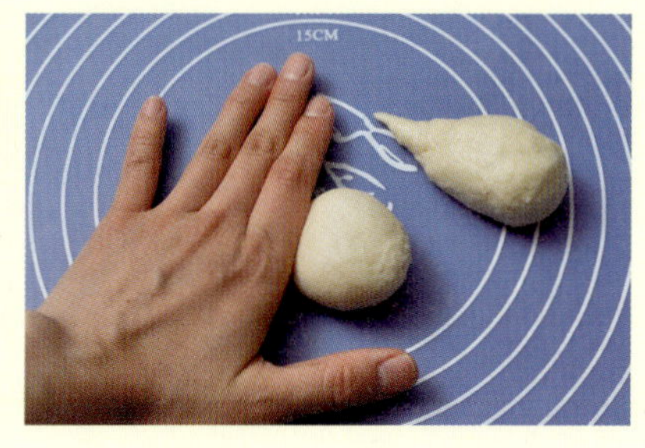

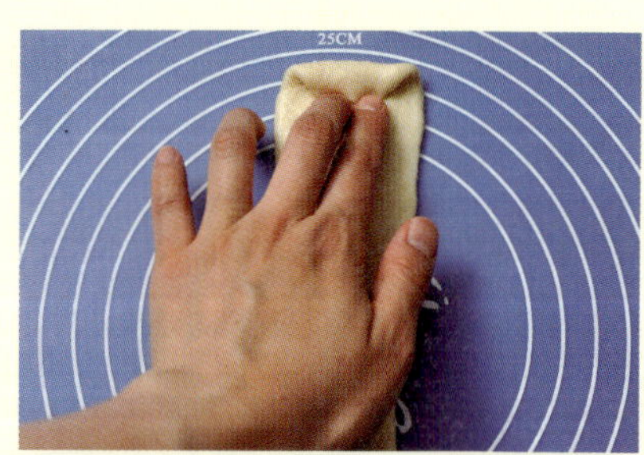

13. 반죽을 둥글리기 한 다음, 랩이나 젖은 면포를 덮어 15~20분 정도 중간 발효한다.

14. 중간 발효가 끝나면 반죽의 한 쪽 끝을 작업대 위에서 손바닥으로 비벼 올챙이처럼 가늘게 만든다. 한 쪽 끝은 둥글고, 다른 한 쪽 끝은 뾰족하게 만든다.

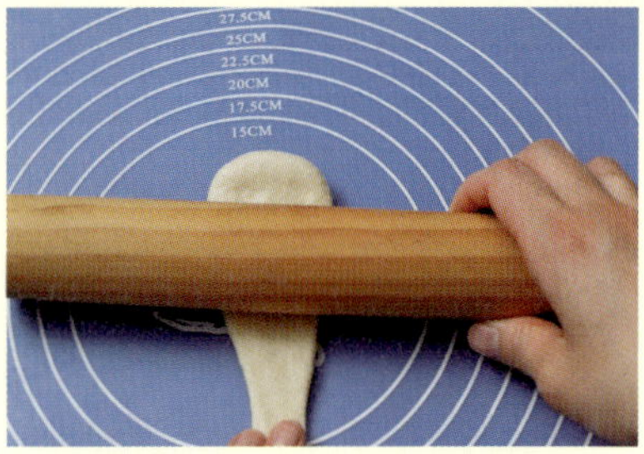

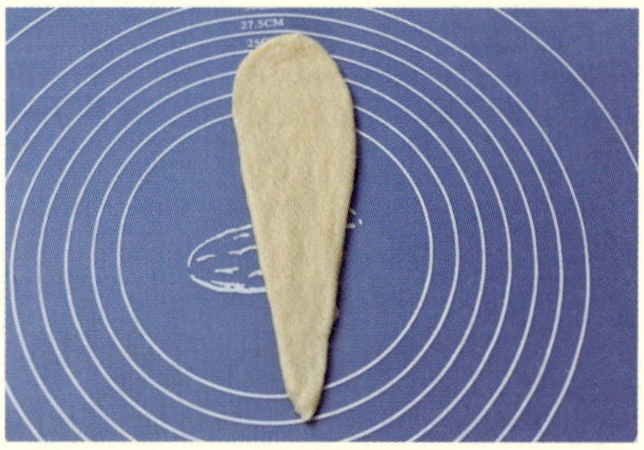

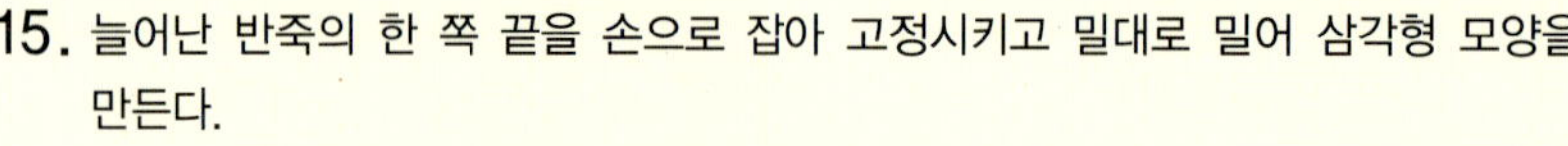

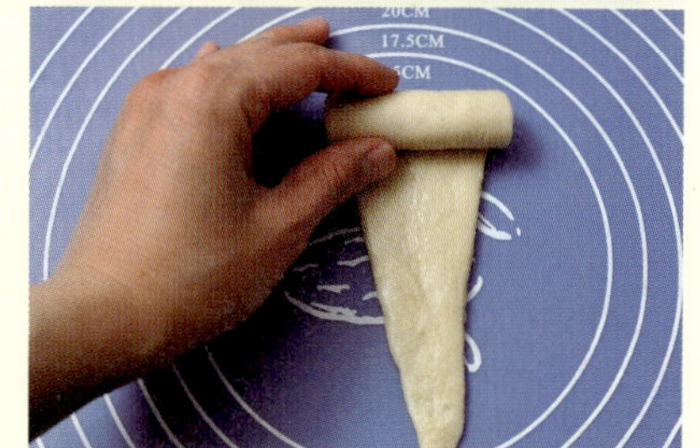

15. 늘어난 반죽의 한 쪽 끝을 손으로 잡아 고정시키고 밀대로 밀어 삼각형 모양을 만든다.

16. 삼각형 반죽을 넓은 부분 쪽에서부터 말아 감는다. 3겹이 되고 좌우대칭이 잘 맞도록 주의해 말아준다.

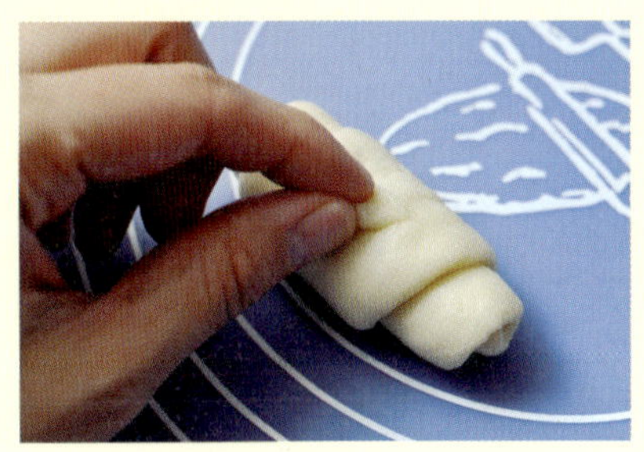

17. 반죽 끝을 손가락으로 꼬집어 잘 봉한다.

18. 오븐팬에 테프론시트지를 깔고 그 위에 반죽의 이음새가 밑으로 향하도록 하여 나열한다.

19. 따뜻한 곳에서 30~40분 정도 2차 발효한다. 처음보다 1.5~2배 정도 부풀어 오를 때까지 발효한다.

20. 2차 발효가 끝난 반죽에 붓으로 달걀물을 발라준다.

21. 미리 180℃로 예열한 오븐에서 약 12~15분 정도 굽는다. 색이 균일하게 나오도록 굽는 중간에 팬의 위치를 반대로 바꾼다.

김치 포카치아

난이도 : ★★★
분량 : 26cm×22cm(가로×세로) 1개분
재료 : 강력분 250g, 설탕 10g, 소금 4g, 인스턴트 드라이이스트 3g, 우유 30g,
　　　 물 110~120g, 올리브오일 25g, 블랙올리브 20g, 김치 40~50g
장식 : 올리브오일 적당량, 블랙올리브 적당량
도구 : 거품기, 랩(또는 면포), 테프론시트지, 밀대, 붓

준비하기

1. 김치를 살짝 씻어 물기를 꼭 짜서 다진 후, 키친타월에 올려 물기를 완전히 뺀다. 속재료용 블랙올리브도 다진 후, 키친타월에 올려 물기를 뺀다.

2. 우유는 미리 냉장고에서 꺼내 30분~1시간 정도 실온에 두어 차가운 기를 없앤다.

3. 장식용 블랙올리브는 슬라이스한다.

Comment :

한국 사람들이 좋아하는 김치를 넣어서 만든 한국식 포카치아랍니다. 포카치아는 이탈리아 서민들이 즐겨 먹던 담백한 맛이 특징인 빵으로, 애피타이저, 샌드위치 등으로 다양하게 활용할 수 있어요. 오븐에서 갓 구워 뜨거울 때, 발사믹식초와 올리브오일을 곁들여 드세요.

1. 볼에 강력분, 설탕, 소금, 인스턴트 드라이이스트를 넣는다. 거품기로 고루 섞어 밀가루 코팅을 한다.

2. 우유와 물을 조금씩 넣으며 섞는다.

3. 올리브오일을 조금씩 넣으며 반죽한다.

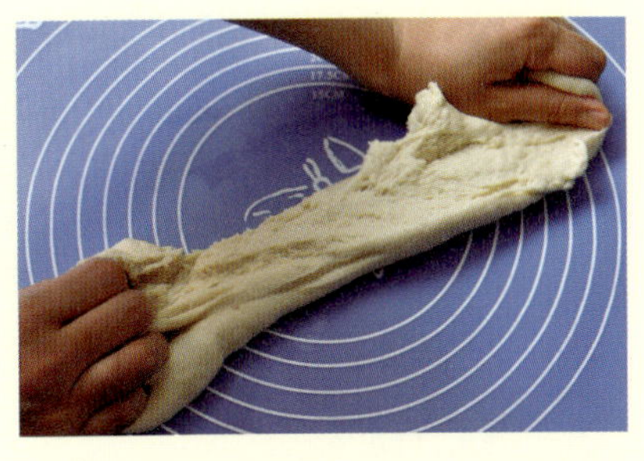

4. 작업대 위로 반죽을 옮겨 손으로 반죽을 밀고, 접고, 당기는 등 계속 치댄다. 찰기와 탄력이 생겨 반죽이 작업대에서 잘 떨어질 때까지 반죽한다.

5. 반죽이 완료되면 납작하게 만든 후, 물기를 제거한 다진 김치와 블랙올리브를 올려 반죽으로 감싸고, 섞는 정도로만 반죽한다.

6. 물기 때문에 반죽이 질척거리면 강력분(분량 외)을 뿌려가며 반죽한다. 고루 섞이는 정도로만 살짝 반죽한다.

7. 양손으로 가볍게 앞으로 끌어오는 과정을 반복해 동그랗고 매끄러운 원형 상태의 반죽을 만든다.

8. 볼에 담고 랩이나 젖은 면포를 씌운다. 랩을 씌울 경우 숨구멍을 적당히 뚫는다.

9. 따뜻한 곳에서 40~50분 정도 1차 발효한다. 반죽의 깨끗한 면을 위로 향하게 한 뒤, 양손으로 반죽을 가볍게 앞으로 당기는 과정을 반복하여 표면을 동그랗고 매끈하고 팽팽하게 만든다.

10. 랩이나 젖은 면포를 덮어 15~20분 정도 중간 발효한다.

11. 반죽이 동글납작하게 되도록 모양을 정리하면서 밀대로 밀어 가스를 뺀다.

12. 테프론시트지를 깐 오븐팬에 반죽을 올린 후, 따뜻한 곳에서 약 30~40분 정도 2차 발효한다.

13. 2차 발효가 끝나 부풀어 오른 반죽을 손가락으로 군데군데 눌러 울퉁불퉁하게 만든다.

14. 붓으로 올리브오일(장식용)을 듬뿍 바른다.

15. 슬라이스한 블랙올리브(장식용)를 적당히 올린다.

16. 미리 180~190℃로 예열한 오븐에서 30~35분 정도 굽는다. 색이 균일하게 나오도록, 굽는 중간에 팬의 위치를 반대로 바꾼다.

요구르트 빵

준비하기

1. 버터, 플레인 요구르트는 미리 냉장고에서 꺼내 30분~1시간 정도 실온에 두어 차가운 기를 없앤다.

Comment :

원형틀이 없다면 모닝빵처럼 동글동글하게 만들어도 돼요. 모닝빵처럼 만들면 시간이 조금 단축될 수 있으니 굽는 동안 빵의 색을 살펴보면서 시간을 조절해주세요. 플레인 요구르트는 마시는 요구르트가 아니라 스푼으로 떠먹는 요구르트로 빵을 부드럽게 하고 풍미를 더해줍니다.

1. 볼에 강력분, 설탕, 소금, 인스턴트 드라이이스트를 넣는다. 거품기로 고루 섞어 밀가루 코팅을 한다.

2. 플레인 요구르트를 다 넣은 후, 물을 조금씩 넣으면서 섞는다. 수분양은 계절에 따라, 작업 환경에 따라 달라질 수 있으므로 반죽의 상태에 따라 가감한다.

3. 가루와 수분이 서서히 섞이면서 가루기가 없어지고, 한 덩어리가 된다.

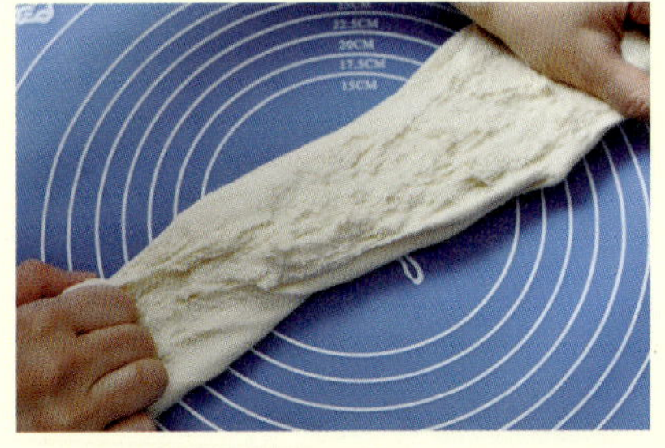

4. 작업대 위로 반죽을 옮겨 손으로 반죽을 밀고, 접고, 당기는 등 계속 치댄다. 찰기와 탄력이 생겨 반죽이 작업대에서 잘 떨어질 때까지 반죽한다.

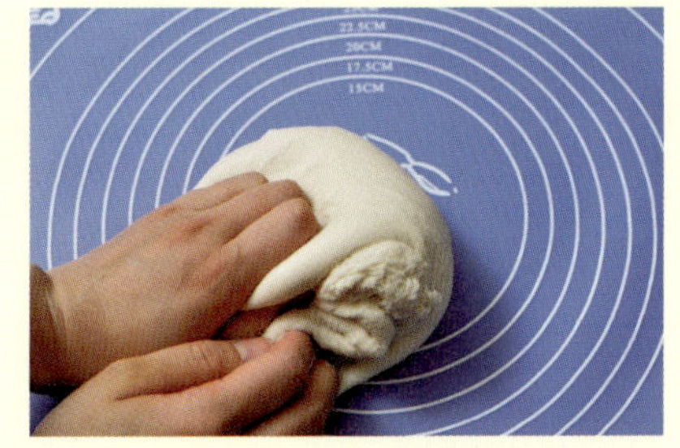

5. 반죽을 한 덩어리로 뭉치고 납작하게 만든 후, 버터를 반죽 위에 올리고 섞는다. 버터가 보이지 않도록 반죽을 접어 반죽한다.

6. 반죽을 하다보면 반죽이 찢어지고 버터가 질척이게 되지만, 반죽과 잘 섞이도록 치대는 과정을 반복한다. 반죽이 작업대에서 깨끗하게 떨어지고, 표면이 매끄러워질 때까지 치댄다.

7. 반죽을 약간 떼서 둥글리고 손끝으로 살살 늘려 보았을 때, 반죽이 끊어지지 않고 탄력 있게 늘어나면서 매끈한 얇은 막처럼 만들어지는지 확인한다. 반죽에 손가락이 비칠 정도로 얇게 늘어나야 한다.

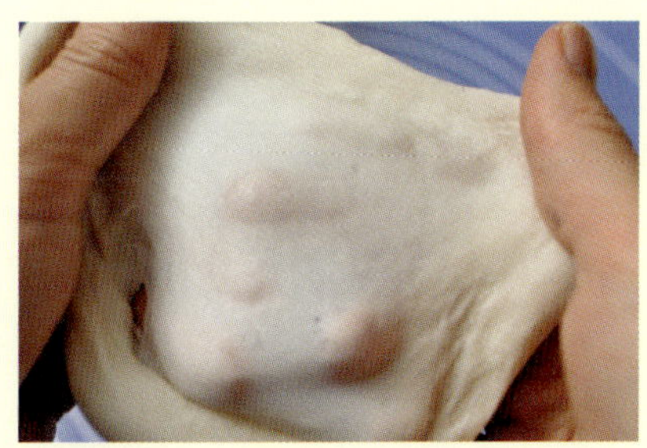

8. 반죽을 양손으로 가볍게 앞으로 끌어오는 과정을 반복해 동그랗고 매끄러운 원형 상태의 반죽을 만든다.

9. 반죽을 볼에 담고 랩이나 젖은 면포를 씌운다. 랩을 씌울 경우 숨구멍을 적당히 뚫는다. 따뜻한 곳에서 50~60분 정도 1차 발효한다.

10. 손가락에 밀가루(분량 외)를 묻혀 반죽의 중앙을 찔렀을 때 자국이 그대로 남아있고 반죽이 처음보다 2배 정도 부풀면 1차 발효를 완료한다.

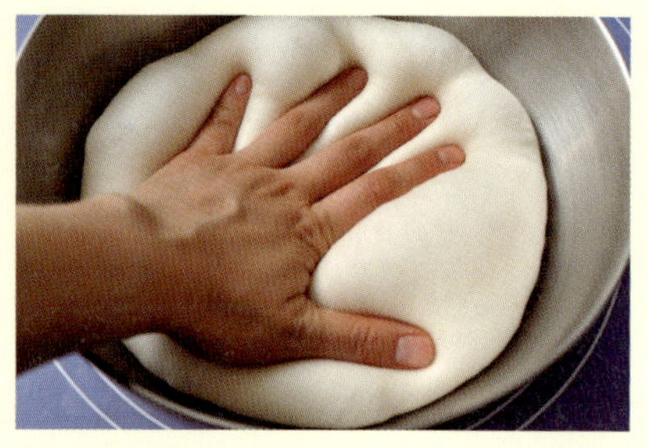

11. 손바닥으로 가볍게 눌러 기포를 없앤다.

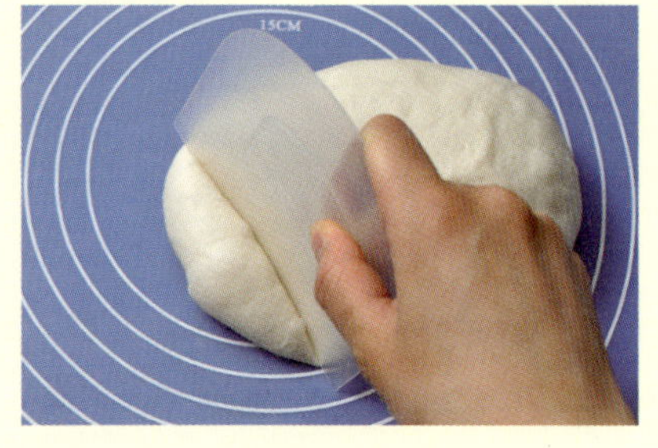

12. 반죽의 깨끗한 면을 위로 향하게 한 뒤, 양손으로 반죽을 가볍게 앞으로 당기는 과정을 반복하여 길쭉하게 만든 후, 스크래퍼로 12등분한다(저울을 사용해 약 43g씩 정확하게 나눈다).

13. 분할한 반죽은 둥글리기 한다.

14. 둥글리기 한 반죽은 랩이나 젖은 면포를 덮어 15~20분 정도 중간 발효한다.

15. 중간 발효가 끝난 반죽은 둥글리기 하여 공기를 가볍게 빼준 뒤, 적당한 간격을 두고 놓는다.

16. 따뜻한 곳에서 30~40분 정도 2차 발효한다. 1.5~2배 정도까지 부풀 때까지 발효한다.

17. 분당체로 강력분(장식용)을 살짝 뿌린다.

18. 미리 200℃로 예열한 오븐을 170℃로 내려 10분, 다시 150℃로 내려서 10분씩 굽는다. 빵이 아주 부드럽기 때문에 다 구워진 빵을 틀에서 분리할 때는 조심스럽게 뺀 후, 식힘망에 올려 식힌다.

감자 베이컨 빵

분량 : 지름 9cm 약 8개
재료 : 강력분 250g, 설탕 40g, 소금 5g, 인스턴트 드라이이스트 5g, 달걀 1개,
　　　 달걀노른자 1개, 물 70g, 무염 버터 45g
속재료 : 감자 삶은 것 250g, 베이컨 약 6장, 마요네즈 · 소금 · 후춧가루 적당량
장식 : 달걀물(달걀노른자1개, 물2큰술), 피자치즈 적당량
도구 : 거품기, 스크래퍼, 랩(또는 면포), 밀대, 베이킹컵, 주방가위, 붓

준비하기

1. 버터, 달걀은 미리 냉장고에서 꺼
　 내 30분~1시간 정도 실온에 두어
　 차가운 기를 없앤다.

Comment :

오븐에서 갓 구워 뜨거울 때 먹으면
감자와 베이컨, 마요네즈의 구수함과
짭짤한 맛을 동시에 느낄 수 있어요.
피자치즈를 듬뿍 넣어 고소함을 더했
어요.

1. 감자는 익혀서 으깬다. 베이컨은 팬에 구워 키친타월로 기름기를 제거한 후, 작게 자른다. 으깬 감자, 작게 자른 베이컨, 마요네즈, 소금, 후춧가루 모두 함께 섞는다.

2. 8등분으로 나눈다.

3. 볼에 강력분, 설탕, 소금, 인스턴트 드라이이스트를 넣는다. 거품기로 고루 섞어 밀가루 코팅을 한다.

4. 달걀, 달걀노른자, 물은 비커에 함께 계량한 뒤, 볼에 조금씩 넣으며 섞는다. 가루와 수분이 서서히 섞이면서 가루기가 없어지고, 한 덩어리가 된다.

5. 작업대 위로 반죽을 옮겨 손으로 반죽을 밀고, 접고, 당기는 등 계속 치댄다. 찰기와 탄력이 생겨 반죽이 작업대에서 잘 떨어질 때까지 반죽한다.

6. 반죽을 한 덩어리로 뭉치고 납작하게 만든 후, 버터를 반죽 위에 올리고 섞는다. 버터가 보이지 않도록 반죽을 접어 반죽한다.

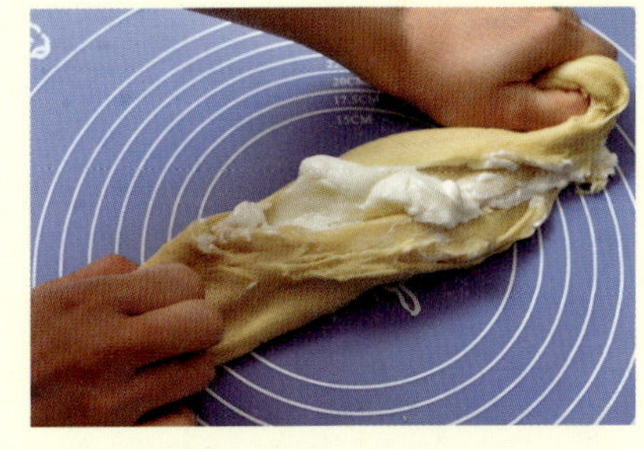

7. 반죽을 하다보면 반죽이 찢어지고 버터가 질척이게 되지만, 반죽과 잘 섞이도록 치대는 과정을 반복한다. 반죽이 작업대에서 깨끗하게 떨어지고, 표면이 매끄러워질 때까지 치댄다.

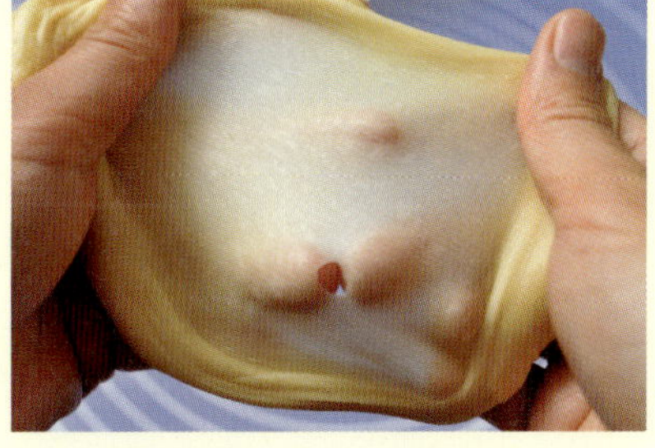

8. 반죽을 약간 떼서 둥글리고 손끝으로 살살 늘려 보았을 때, 반죽이 끊어지지 않고 탄력 있게 늘어나면서 매끈한 얇은 막처럼 만들어지는지 확인한다. 반죽에 손가락이 비칠 정도로 얇게 늘어나면 반죽이 완성이다.

9. 반죽을 양손으로 가볍게 앞으로 끌어오는 과정을 반복해 동그랗고 매끄러운 원형 상태의 반죽을 만든다. 볼에 담고 랩이나 젖은 면포를 씌운다. 랩을 씌울 경우 숨구멍을 적당히 뚫는다.

10. 따뜻한 곳에서 50~60분 정도 1차 발효한다.

11. 손가락에 밀가루(분량 외)를 묻혀 반죽의 중앙을 찔렀을 때 자국이 그대로 남아있고 반죽이 처음보다 2배 정도 부풀면 1차 발효를 완료한다.

12. 반죽의 깨끗한 면을 위로 하고 양손으로 반죽을 가볍게 앞으로 당기는 과정을 반복해 표면이 동그랗고 매끈하고 팽팽하게 만들어 준다. 반죽을 길쭉하게 만들어 스크래퍼로 8등분(약 55g)한다.

13. 분할한 반죽은 둥글리기 한 뒤, 랩이나 젖은 면포를 덮어 약 20분 정도 중간 발효한다.

14. 밀대로 반죽을 납작하게 밀고 뒤집는다.

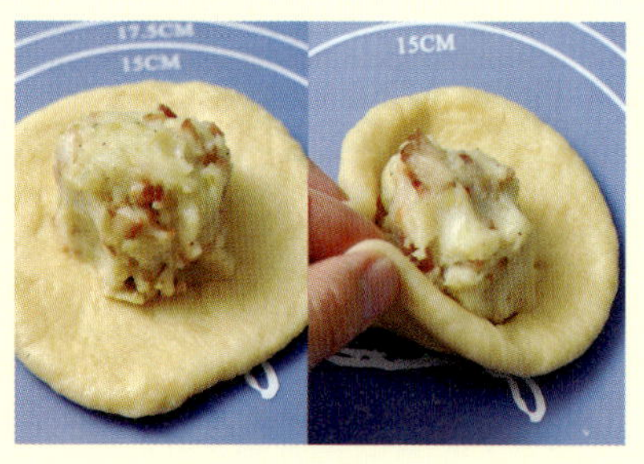

15. 미리 나눠둔 2를 하나씩 올려 넣은 뒤, 만두 빚듯이 오므려 감싼다.

16. 오므려 감싼 반죽을 꼭꼭 꼬집어 봉한 후, 이음새 쪽을 밑으로 향하게 하여 베이킹컵에 하나씩 담는다.

17. 따뜻한 곳에서 40~50분 정도 2차 발효한다.

18. 반죽에 달걀물을 붓으로 바르고 주방가위로 십자 모양 칼집을 낸 뒤, 그 위에 피자치즈를 듬뿍 올린다.

19. 미리 180℃로 예열한 오븐에서 12분 정도 굽는다. 색이 균일하게 나올 수 있도록 굽는 중간에 팬의 위치를 반대로 바꾼다.

호두 메이플 빵

난이도 : ★★★
분량 : 지름 약 8cm 11개
재료 : 강력분 330g, 탈지분유 15g, 소금 5g, 인스턴트 드라이이스트 3g,
　　　메이플시럽 30g, 달걀 38g, 물 150~160g, 무염 버터 33g, 호두 분태 60g
장식 : 달걀물 적당량, 메이플시럽 적당량
도구 : 테프론시트지, 거품기, 스크래퍼, 밀대, 랩(또는 면포), 붓

준비하기

1. 버터, 달걀은 미리 냉장고에서 꺼내 30분~1시간 정도 실온에 두어 차가운 기를 없앤다.

2. 호두 분태는 전처리하여 준비한다 (호두 전처리는 34쪽 참고).

재료 소개

메이플시럽

단풍나무 수액을 끓여 수분을 없애고 당도를 높여 만든 시럽이다. 특유의 향과 달콤한 맛 때문에 핫케이크나 와플, 빵에 곁들여 먹으면 좋다.

Comment :

메이플시럽을 반죽에도 넣고, 겉에도 발라 촉촉하고 깊은 풍미가 느껴지는 고소한 빵이에요. 달팽이 모양으로 만드는 것이 어렵다면, 동그랗게 만들어 모닝빵처럼 만들어도 좋아요. 메이플시럽을 빵 위에 듬뿍 뿌려 드시면 더욱 맛있답니다.

1. 볼에 강력분, 탈지분유, 소금, 인스턴트 드라이이스트를 넣는다. 거품기로 고루 섞어 밀가루 코팅을 하고, 메이플시럽을 넣는다.

2. 달걀과 물을 조금씩 넣으며 섞는다(메이플시럽이 들어가서 반죽이 질어질 수 있으니, 반죽 질기를 잘 조절하여 넣는다).

3. 가루기가 없어질 때까지 섞어, 한 덩어리로 만든다. 손으로 반죽을 밀고, 접고, 당기는 등 계속 치댄다. 찰기와 탄력이 생겨 반죽이 작업대에서 잘 떨어질 때까지 반죽한다.

4. 반죽을 한 덩어리로 뭉치고 납작하게 만든 후, 버터를 반죽 위에 올리고 섞는다. 버터가 보이지 않도록 반죽을 접어 반죽한다.

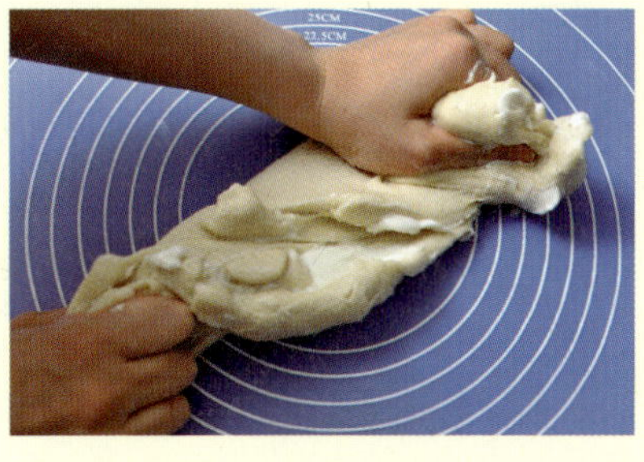

5. 반죽을 하다보면 반죽이 찢어지고 버터가 질척이지만, 반죽과 잘 섞이도록 치대는 과정을 반복한다. 반죽이 작업대에서 깨끗하게 떨어지고, 표면이 매끄러워질 때까지 치댄다.

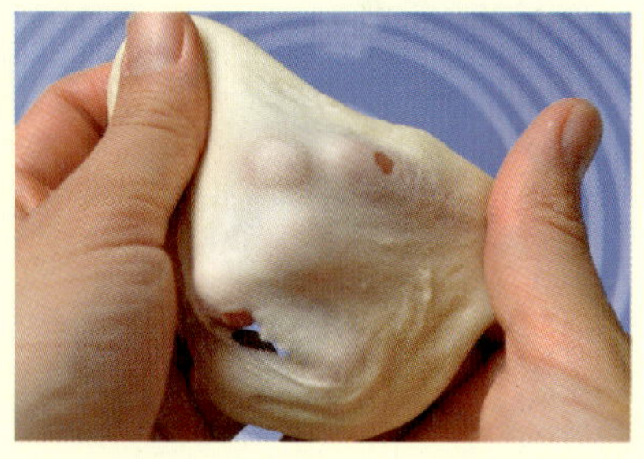

6. 반죽을 약간 떼서 둥글리고 손끝으로 살살 늘려 보았을 때, 반죽이 끊어지지 않고 탄력 있게 늘어나면서 매끈한 얇은 막처럼 만들어지는지 확인한다. 반죽에 손가락이 비칠 정도로 얇게 늘어나야 한다.

7. 반죽을 납작하게 누른 뒤, 전처리 한 호두를 올린다. 처음부터 호두를 넣고 반죽하게 되면, 반죽에 형성된 글루텐을 호두가 끊게 되므로 나중에 넣어 잘 섞는 정도로만 반죽한다.

8. 양손으로 가볍게 앞으로 끌어오는 과정을 반복해 동그랗고 매끄러운 원형 상태의 반죽을 만든다.

9. 볼에 담고 랩이나 젖은 면포를 씌운다. 랩을 씌울 경우 숨구멍을 적당히 뚫어, 따뜻한 곳에서 약 50~60분 정도 1차 발효한다.

10. 손가락에 밀가루(분량 외)를 묻혀 반죽의 중앙을 찔렀을 때 자국이 그 대로 남아있고 반죽이 처음보다 2배 정도 부풀면 1차 발효를 완료한다. 큰 기포는 가볍게 눌러 없앤다.

11. 반죽의 깨끗한 면을 위로 하고 양손으로 반죽을 가볍게 앞으로 당기는 과정을 반복해서 표면을 동그랗고 매끈하고 팽팽하게 만든 후, 반죽을 둥글고 길게 만든다.

12. 스크래퍼로 반죽을 약 60g씩 분할한다.

13. 반죽을 둥글리기 한 다음, 랩이나 젖은 면포를 덮고 15~20분 정도 중간 발효한다.

14. 중간 발효가 끝나면, 밀대로 타원형으로 밀어준다.

15. 반죽의 양쪽 면을 안쪽으로 접고 손바닥으로 꼭꼭 눌러 준 다음, 한 번 더 접는다.

16. 반죽이 풀리지 않도록, 이음새 부분을 꼬집어 잘 봉한다.

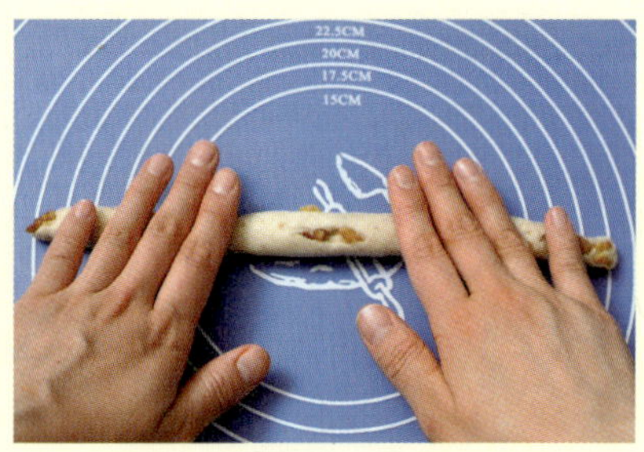

17. 반죽을 여러 번 굴리면서 밀어 25~30cm 길이로 늘인다.

18. 돌돌 말아서 달팽이 모양을 만든다.

19. 반죽의 말린 끝부분은 풀어지지 않도록 손으로 꼬집어 붙인다.

20. 테프론시트지를 깐 오븐 팬에 간격을 두고 올린 후, 따뜻한 곳에서 30~40분간 2차 발효한다.

21. 반죽에 사용하고 남은 달걀에 같은 양의 물(분량 외)을 넣고 달걀물을 만들어, 2차 발효가 끝난 반죽에 붓으로 바른다.

22. 미리 180℃로 예열한 오븐에서 13~15분 정도 굽는다.

23. 빵 위에 메이플시럽(장식용)을 여러 번 붓으로 덧발라 마무리한다.

사과 레몬 롤

난이도 : ★★★
분량 : 지름 9cm 약 10개
재료 : 강력분 300g, 설탕 36g, 소금 3g, 인스턴트 드라이이스트 5g, 우유 210g,
　　　무염 버터 30g, 레몬필 60g
속재료 : 사과 250~300g(심을 제거한 사과 무게 기준), 설탕 40~50g, 레몬즙 적당량,
　　　　바닐라빈 1/2개
장식 : 달걀물(달걀노른자 1개, 물 2큰술), 슬라이스 아몬드 적당량
도구 : 거품기, 랩(또는 면포), 밀대, 붓, 베이킹컵, 빵칼

준비하기

1. 버터, 우유는 미리 냉장고에서 꺼내 30분~1시간 정도 실온에 두어 차가운 기를 없앤다.

Comment :

속재료로 들어가는 사과 콩포트는 그냥 먹어도 부드럽고 맛있어요. 냉장고에 보관하면 2주 정도 보관이 가능하답니다. 머핀이나 파운드, 파이를 만들 때 사용해도 좋아요. 레몬필의 상큼함과 사과 콩포트의 달콤함이 잘 어우러진 빵이에요.

1. 사과의 심을 제거한 후, 얇게 슬라이스한다.

2. 사과는 소금물(분량 외)에 잠시 담가 갈변을 방지한다.

3. 사과를 냄비에 담고 레몬즙과 설탕(속재료용), 바닐라빈을 넣고 재어둔다(바닐라빈은 세로로 반을 가른 뒤, 칼등으로 씨앗을 긁어 넣고, 껍질도 함께 넣는다). 실온에 30분 이상 두면 바닐라빈에서 수분이 빠져나오는데 이를 버리지 않고 같이 조린다.

4. 중불에 올려 바글바글 끓으면 약불로 줄이고 나무주걱으로 가끔씩 저어주면서 천천히 조린다. 사과 국물이 자작하게 졸고 부드러워지면 불을 끄고 식힌다.

5. 볼에 강력분, 설탕, 소금, 인스턴트 드라이이스트를 넣는다. 거품기로 고루 섞어서 밀가루 코팅을 한다.

6. 우유를 조금씩 넣으면서 섞는다. 가루와 수분이 서서히 섞이면서 가루기가 없어지고 한 덩어리가 된다.

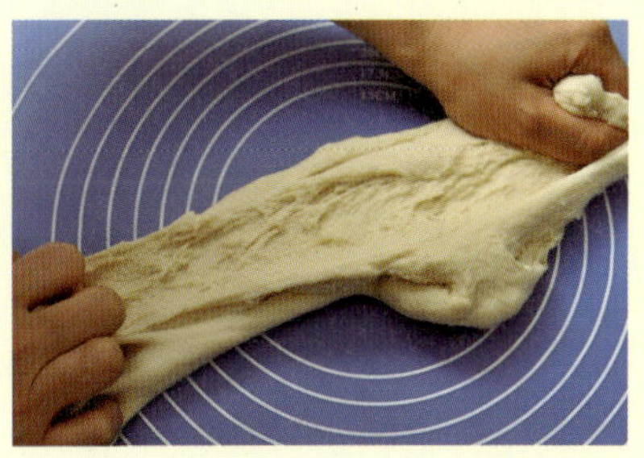

7. 작업대 위로 반죽을 옮겨 손을 이용해서 반죽을 밀고, 접고, 당기는 등 계속 치댄다. 찰기와 탄력이 생겨 반죽이 작업대에서 잘 떨어질 때까지 반죽한다.

8. 반죽을 한 덩어리로 뭉치고 납작하게 만든 후, 버터를 반죽 위에 올리고 섞는다. 버터가 보이지 않도록 반죽을 접어 반죽한다.

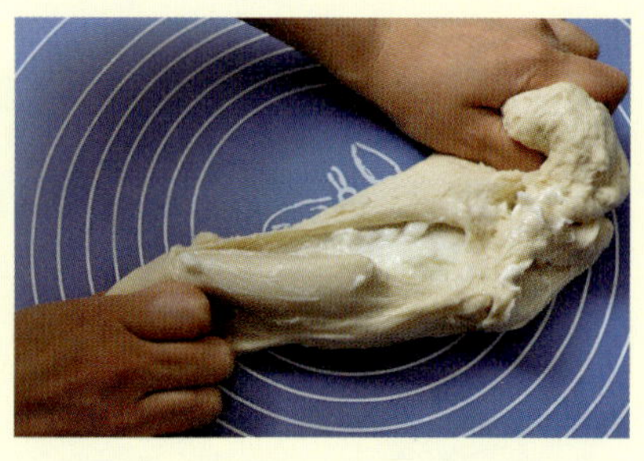

9. 반죽하다보면 반죽이 찢어지고 버터가 질척이지만, 반죽과 잘 섞이도록 치대는 과정을 반복한다. 반죽이 작업대에서 깨끗하게 떨어지고, 표면이 매끄러워질 때까지 치댄다.

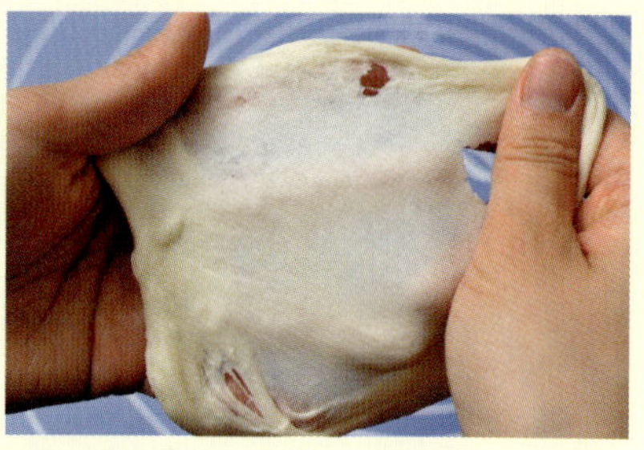

10. 반죽을 약간 떼서 둥글리고 손끝으로 살살 늘려 보았을 때, 반죽이 끊어지지 않고 탄력 있게 늘어나면서 매끈한 얇은 막처럼 만들어지는지 확인한다. 반죽에 손가락이 비칠 정도로 얇게 늘어나야 한다.

11. 반죽을 납작하게 눌러준 후, 레몬필을 올려 고루 섞는 정도로만 반죽한다.

12. 반죽을 양손으로 가볍게 앞으로 끌어오는 과정을 반복해서 동그랗고 매끄러운 원형 상태의 반죽을 만든다.

13. 볼에 담고 랩이나 젖은 면포를 씌운다. 랩을 씌울 경우 숨구멍을 적당히 뚫는다. 따뜻한 곳에서 50~60분 정도 1차 발효한다.

14. 손가락에 밀가루(분량 외)를 묻혀 반죽의 중앙을 찔렀을 때 자국이 그대로 남아있고 반죽이 처음보다 2배 정도 부풀면 1차 발효를 완료한다. 손바닥으로 가볍게 눌러 기포를 없앤다.

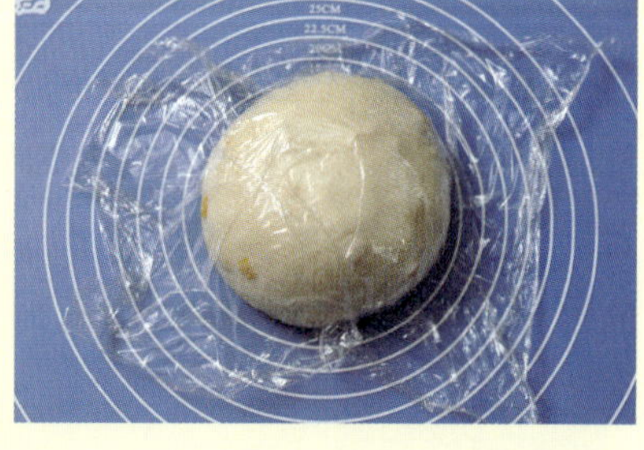

15. 반죽의 깨끗한 면을 위로 향하게 한 뒤, 양손으로 반죽을 가볍게 앞으로 당기는 과정을 반복하여 표면을 동그랗고 매끈하고 팽팽하게 만든다. 랩이나 젖은 면포를 덮고 30분 정도 중간 발효한다.

16. 반죽을 밀대로 밀어 두께 1cm 정도의 직사각형으로 넓게 밀어준다. 반죽을 뒤집어 매끈한 면이 밑으로 가도록 한다.

17. 졸인 사과를 골고루 올린다.

18. 반죽을 둥글게 말아준다.

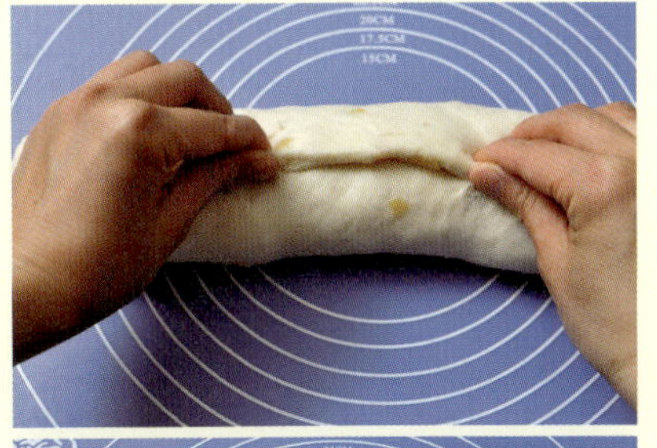
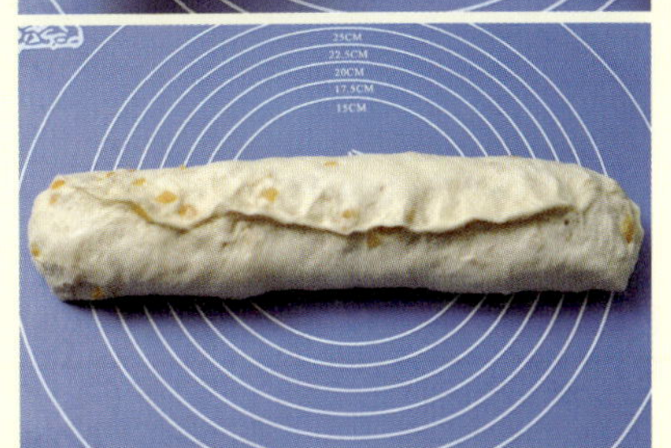

20. 베이킹컵 높이에 맞춰 반죽이 눌리지 않도록 칼로 자른다.

19. 반죽의 이음새 부분을 꼬집어 잘 봉한다. 작업대에서 살짝 굴리며 모양을 잡아준다.

21. 자른 반죽을 베이킹컵에 담고 반죽이 1.5~2배로 부풀 때까지 따뜻한 곳에서 30~40분 정도 2차 발효한다.

22. 발효가 끝난 반죽에 슬라이스아몬드를 뿌린 후, 붓으로 달걀물을 바른다.

23. 미리 180℃로 예열한 오븐에서 13~15분 정도 굽는다. 색이 균일하게 나올 수 있도록 굽는 중간에 팬의 위치를 반대로 바꾼다.

베이컨 양파 롤

난이도 : ★★★
분량 : 지름 9cm 12개
재료 : 강력분 300g, 탈지분유 12g, 설탕 24g, 소금 6g, 인스턴트 드라이이스트 6g,
　　　 우유 90g, 물 102g, 무염 버터 24g
속재료 : 베이컨 5~6장, 양파 1개, 체더치즈 약 7장, 피자치즈 · 마요네즈 · 후춧가루 ·
　　　　 식물성오일 · 케첩 · 건파슬리가루 적당량
도구 : 베이킹컵(지름 9cm), 거품기, 밀대, 랩(또는 면포), 쿠킹호일

준비하기

1. 버터, 우유는 미리 냉장고에서 꺼내 30분~1시간 정도 실온에 두어 차가운 기를 없앤다.

Comment :

간식으로도 좋고, 한 끼 식사로도 좋은 빵이에요. 짭조름한 베이컨과 아삭거리는 양파, 쭉쭉 늘어나는 피자치즈와 체더치즈가 잘 어우러진 환상적인 맛이랍니다. 갓 구운 빵을 오븐에서 꺼내 호호 불어가며 먹을 때가 가장 맛이 좋아요.

1. 양파는 얇게 슬라이스해 식물성오일을 살짝 두른 프라이팬에 가볍게 볶아 식힌다. 베이컨은 프라이팬에 구운 다음, 키친타월로 기름기를 제거하고 작게 잘라 준비한다.

2. 볼에 강력분, 탈지분유, 설탕, 소금, 인스턴트 드라이이스트를 넣는다.

3. 거품기로 고루 섞어 밀가루 코팅을 한다.

4. 물과 우유를 조금씩 넣으면서 섞는다.

5. 가루기가 없어질 때까지 섞어, 한 덩어리로 만든다.

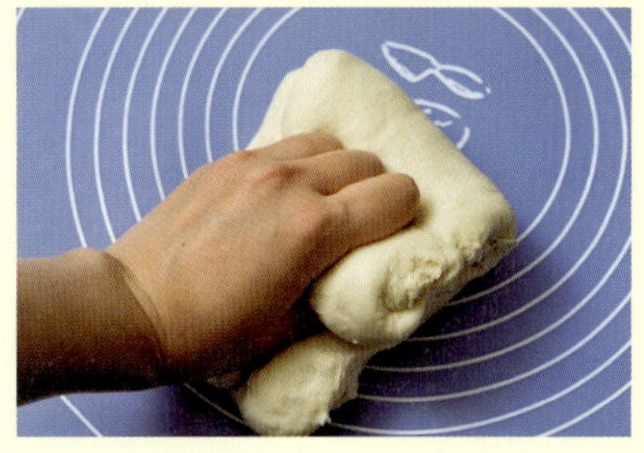

6. 손으로 반죽을 밀고, 접고, 당기는 등 계속 치댄다. 찰기와 탄력이 생겨 반죽이 작업대에서 잘 떨어질 때까지 반죽한다.

7. 반죽을 한 덩어리로 뭉치고 납작하게 만든 후, 부드러운 상태의 버터를 반죽 위에 올리고 섞는다. 버터가 보이지 않도록 반죽을 접어 반죽한다.

8. 반죽을 하다보면 반죽이 찢어지고 버터가 질척이지만, 반죽과 잘 섞이도록 치대는 과정을 반복한다. 반죽이 작업대에서 깨끗하게 떨어지고, 표면이 매끄러워질 때까지 치댄다.

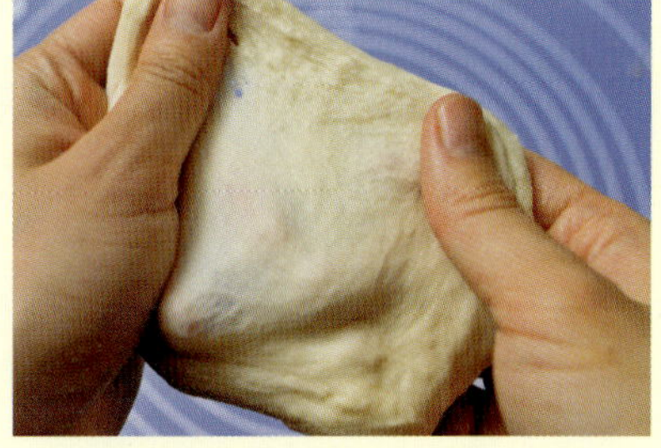

9. 반죽을 약간 떼서 둥글리고 손끝으로 살살 늘려 보았을 때, 반죽이 끊어지지 않고 탄력 있게 늘어나면서 매끈한 얇은 막처럼 만들어지는지 확인한다. 반죽에 손가락이 비칠 정도로 얇게 늘어나야 한다.

10. 양손으로 가볍게 앞으로 끌어오는 과정을 반복해 동그랗고 매끄러운 원형 상태의 반죽을 만든다.

11. 볼에 담고 랩이나 젖은 면포를 씌운다. 랩을 씌울 경우 숨구멍을 적당히 뚫어, 따뜻한 곳에서 약 50~60분 정도 1차 발효한다.

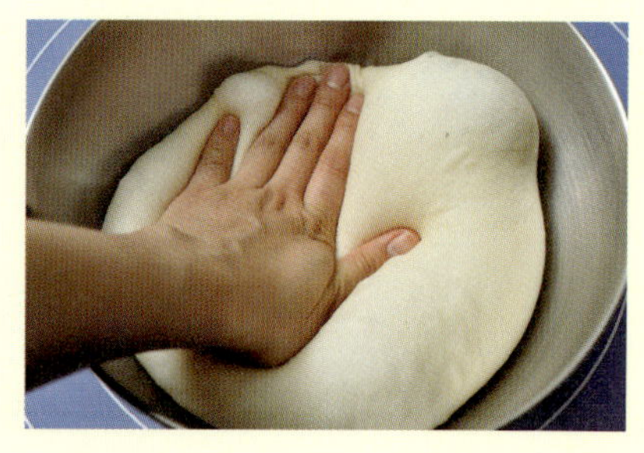

12. 손가락에 밀가루(분량 외)를 묻혀 반죽의 중앙을 찔렀을 때 자국이 그대로 남아 있고 반죽이 처음보다 2배 정도 부풀면 1차 발효를 완료한다.

13. 가볍게 눌러 기포를 없앤다.

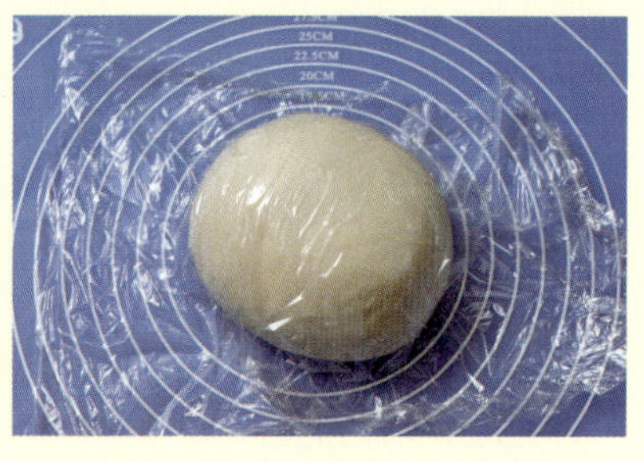

14. 반죽의 깨끗한 면을 위로 하고 양손으로 반죽을 가볍게 앞으로 당기는 과정을 반복해 표면을 동그랗고 매끈하고 팽팽하게 만든다.

15. 랩이나 젖은 면포를 덮고 30분 정도 중간 발효한다.

16. 반죽을 밀대로 밀어 펴면서 큰 가스를 빼준다. 두께 1cm 정도의 직사각형으로 넓게 만든다.

17. 반죽의 매끈한 면이 뒤쪽을 향하도록 뒤집은 후, 체더치즈를 올린다.

18. 식혀 둔 베이컨과 양파를 골고루 얹고 피자치즈를 듬뿍 올린 다음, 후춧가루와 마요네즈를 적당량 뿌린다(반죽을 말 때 속재료가 삐져나오지 않도록 가장자리 2~3cm 정도는 남기고 속재료를 얹는다).

19. 둥글게 말아준다.

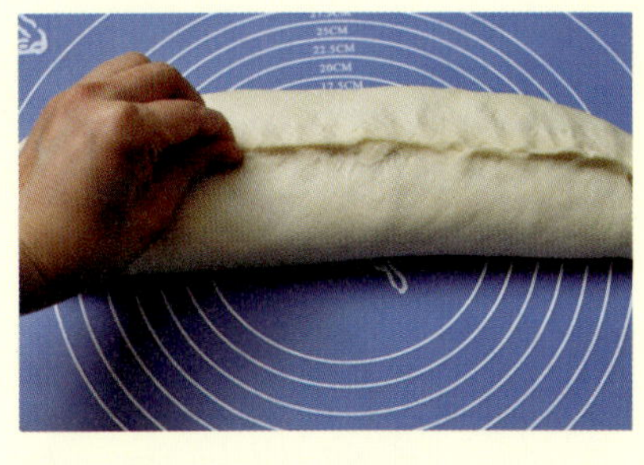

20. 반죽이 풀리지 않도록, 이음새 부분을 꼬집어 잘 봉한다.

21. 베이킹컵 높이에 맞춰 반죽 모양이 눌리지 않도록 자른다.

22. 자른 반죽을 베이킹컵에 담는다. 따뜻한 곳에서 반죽이 약 1.5배 정도 부풀 때까지 30분 정도 2차 발효한다.

23. 2차 발효가 끝난 반죽 위에 케첩을 뿌린 뒤, 피자치즈와 건파슬리가루(생략 가능)를 올린다.

24. 미리 180℃로 예열한 오븐에서 20분 정도 굽는다. 색이 나기 시작하면, 피자치즈가 더 이상 타지 않도록 쿠킹호일을 덮고 굽는다.

시나몬 롤

난이도 : ★★★
분량 : 지름 9cm 약 10개
재료 : 강력분 350g, 설탕 28g, 소금 4g, 인스턴트 드라이이스트 4g, 달걀 80g,
         우유 130~140g, 무염 버터 30g
속재료 : 제누와즈 100g, 머스코바도 설탕 100g, 아몬드가루 55g, 시나몬가루 1g,
         달걀흰자 1개, 건포도(설타나) 30g, 호두 분태 25g, 럼주 10g, 녹인 무염 버터 50g
장식 : 달걀물(달걀노른자 1개, 물 2큰술), 슬라이스아몬드 · 살구잼 · 물 적당량
도구 : 거품기, 랩(또는 면포), 베이킹컵, 밀대, 붓, 빵칼

준비하기

1. 머스코바도 설탕은 비정제 설탕이
   므로 믹서에 곱게 갈아서 사용한
   다. 흑설탕으로 대체해도 좋다.

2. 버터, 달걀, 우유는 미리 냉장고에
   서 꺼내 30분~1시간 정도 실온에
   두어 차가운 기를 없앤다.

3. 제누와즈를 준비한다(제누와즈 44쪽
   참고).

Comment :

은은한 시나몬 향에, 오독오독하고 고
소한 아몬드와 호두의 씹는 맛이 좋은
시나몬 롤이랍니다. 제누와즈를 갈아
넣어 폭신폭신한 식감의 필링을 느낄
수 있어요.

만드는 방법

1. 제누와즈는 분량만큼 잘라 체에 내린다.

2. 볼에 제누와즈와 머스코바도 설탕, 아몬드가루, 시나몬가루, 달걀흰자, 건포도, 호두 분태, 럼주, 녹인 버터를 넣는다.

3. 주걱으로 대강 섞은 후, 사용 전까지 랩으로 덮어둔다.

4. 볼에 강력분, 설탕, 소금, 인스턴트 드라이이스트를 넣는다. 거품기로 고루 섞어 밀가루 코팅을 한다.

5. 달걀과 우유를 조금씩 넣으며 섞는다. 가루와 수분이 서서히 섞이면서 가루기가 없어지고, 한 덩어리가 된다.

6. 작업대 위로 반죽을 옮겨 손으로 반죽을 밀고, 접고, 당기는 등 계속 치댄다. 찰기와 탄력이 생겨서 반죽이 작업대에서 잘 떨어질 때까지 반죽한다.

7. 반죽을 한 덩어리로 뭉치고 납작하게 만든 후, 버터를 반죽 위에 올리고 섞는다. 버터가 보이지 않도록 반죽을 접어 반죽한다.

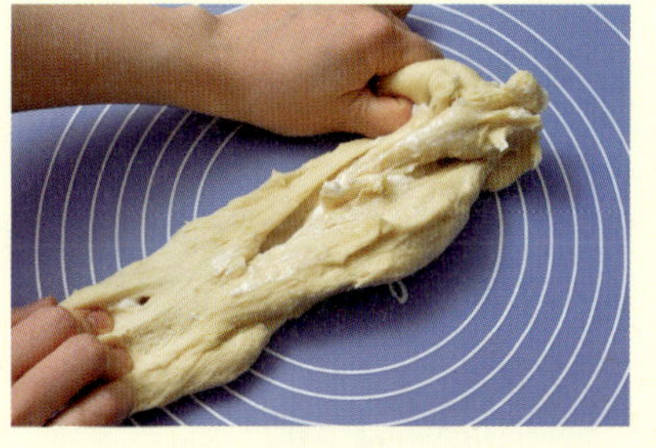

8. 반죽을 하다보면 반죽이 찢어지고 버터가 질척이지만, 반죽과 잘 섞이도록 치대는 과정을 반복한다. 반죽이 작업대에서 깨끗하게 떨어지고, 표면이 매끄러워질 때까지 치댄다.

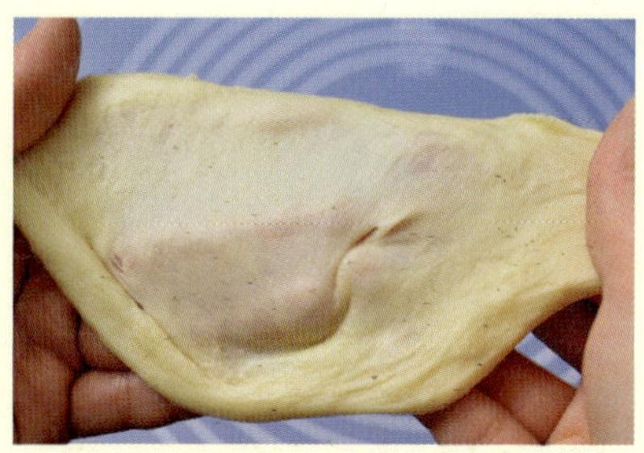

9. 반죽을 약간 떼서 둥글리고 손끝으로 살살 늘려 보았을 때, 반죽이 끊어지지 않고 탄력 있게 늘어나면서 매끈한 얇은 막처럼 만들어지는지 확인한다. 반죽에 손가락이 비칠 정도로 얇게 늘어나야 한다.

10. 양손으로 가볍게 앞으로 끌어오는 과정을 반복해 동그랗고 매끄러운 원형 상태의 반죽을 만든다. 볼에 담고 랩이나 젖은 면포를 씌운다. 랩을 씌울 경우 숨구멍을 적당히 뚫는다.

11. 따뜻한 곳에서 50~60분 정도 1차 발효한다. 손가락에 밀가루(분량 외)를 묻혀 반죽의 중앙을 찔렀을 때 자국이 그대로 남아있고 반죽이 처음보다 2배 정도 부풀면 1차 발효를 완료한다.

12. 작업 도중 표면의 큰 기포가 생기면 가볍게 눌러 없애준다. 반죽의 깨끗한 면을 위로 향하게 한 뒤, 양손으로 반죽을 가볍게 앞으로 당기는 과정을 반복하여 표면을 동그랗고 매끈하고 팽팽하게 만든다.

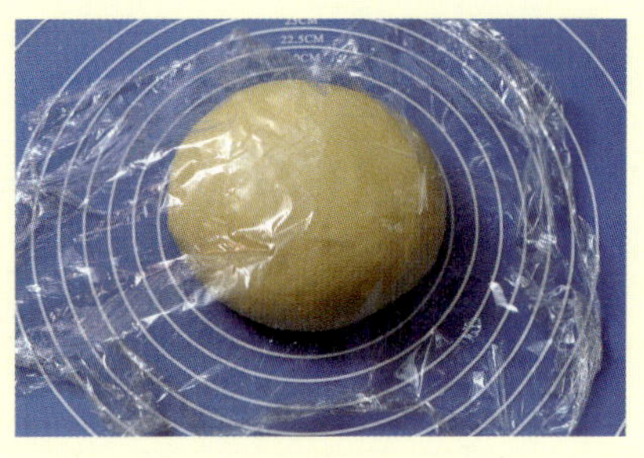 

13. 랩이나 젖은 면포를 덮고 30분 정도 중간 발효한다.

14. 반죽을 밀대로 밀어 두께 1cm 정도의 직사각형으로 넓게 만든다.

  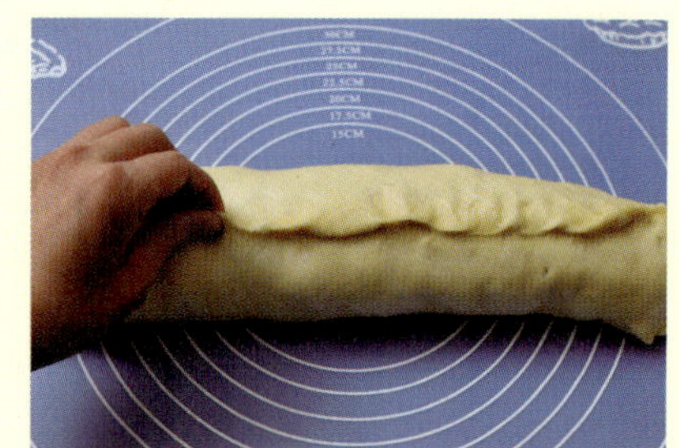

15. 반죽을 뒤집어 매끈한 면이 바닥을 향하게 한 후, 속재료를 골고루 올려 둥글게 말아준다.

16. 반죽의 이음새 부분을 꼬집어 잘 봉한다. 살짝 굴리면서 모양을 잡는다.

17. 베이킹컵 높이에 맞춰 반죽이 눌리지 않도록 칼로 자른다.

18. 자른 반죽을 베이킹컵에 담은 후, 슬라이스아몬드를 뿌린다. 반죽이 1.5~2배로 부풀 때까지 따뜻한 곳에서 30~40분 정도 2차 발효한다.

19. 2차 발효가 끝난 반죽에 붓으로 달걀물을 발라준다.

20. 미리 180℃로 예열한 오븐에서 15분 정도 굽는다. 색이 균일하게 나오도록 굽는 중간에 팬의 위치를 반대로 바꾼다.

21. 냄비에 살구잼과 물을 넣고 끓여 빵이 오븐에서 나오자마자 붓으로 바른다.

소시지 빵

난이도 : ★ ★ ★

분량 : 지름 약 16cm 6개

재료 : 강력분 250g, 탈지분유 10g, 설탕 20g, 소금 4g, 인스턴트 드라이이스트 5g,
　　　 달걀 1개, 물 112g, 무염 버터 30g

장식 : 소시지 6개, 피자치즈 · 머스터드소스 · 토마토케첩 · 마요네즈 · 건파슬리 적당량

도구 : 테프론시트지, 거품기, 스크래퍼, 밀대, 랩(또는 면포)

준비하기

1. 짤주머니 혹은 비닐에 마요네즈와 토마토케첩을 각각 담는다.

2. 버터, 달걀은 미리 냉장고에서 꺼내 30분~1시간 정도 실온에 두어 차가운 기를 없앤다.

Comment :

소시지가 들어가는 빵은 아이뿐만 아니라 어른 간식거리로도 좋아요. 토마토케첩과 마요네즈, 머스터드소스와 피자치즈를 넣어 간단하게 먹을 수 있는 한 끼 메뉴랍니다.

1. 볼에 강력분, 탈지분유, 설탕, 소금, 인스턴트 드라이이스트를 넣는다. 거품기로 고루 섞어 밀가루 코팅을 한다.

2. 달걀과 물을 조금씩 넣으며 섞는다.

3. 가루기가 없어질 때까지 섞어, 한 덩어리로 만든다.

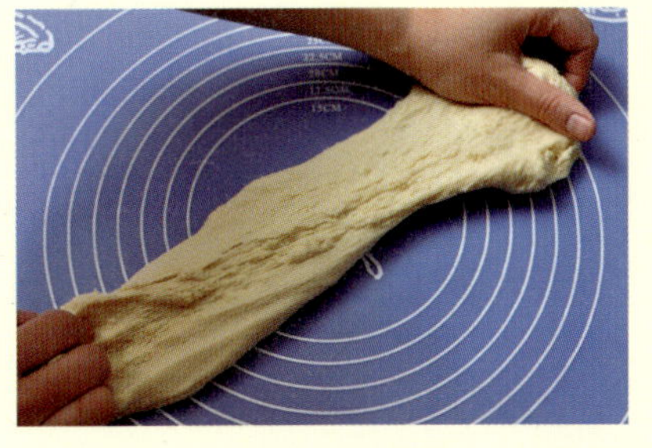

4. 손으로 반죽을 밀고, 접고, 당기는 등 계속 치댄다. 찰기와 탄력이 생겨 반죽이 작업대에서 잘 떨어질 때까지 반죽한다.

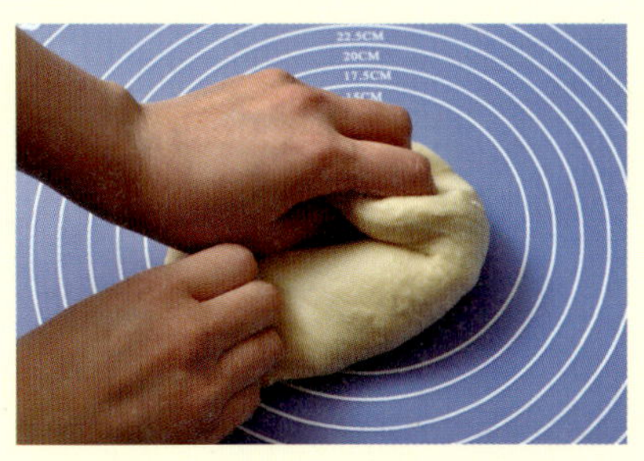

5. 반죽을 한 덩어리로 뭉치고 납작하게 만든 후, 버터를 반죽 위에 올리고 섞는다. 버터가 보이지 않도록 반죽을 접어 반죽한다.

6. 반죽을 하다보면 반죽이 찢어지고 버터가 질척이지만, 반죽과 잘 섞이도록 치대는 과정을 반복한다. 반죽이 작업대에서 깨끗하게 떨어지고, 표면이 매끄러워질 때까지 치댄다.

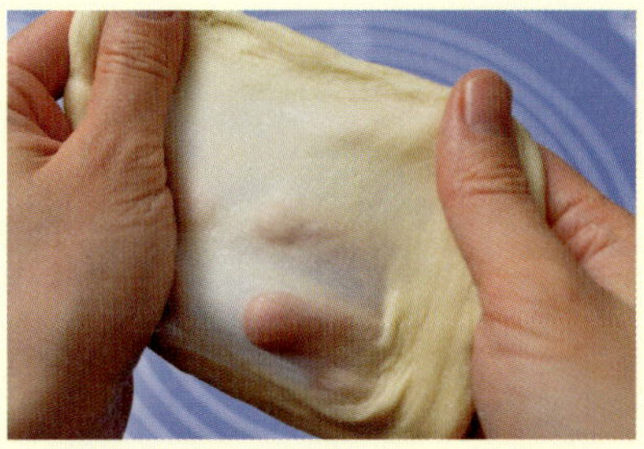

7. 반죽을 약간 떼서 둥글리고 손끝으로 살살 늘려 보았을 때, 반죽이 끊어지지 않고 탄력 있게 늘어나면서 매끈한 얇은 막처럼 만들어지는지 확인한다. 반죽에 손가락이 비칠 정도로 얇게 늘어나야 한다.

8. 양손으로 가볍게 앞으로 끌어오는 과정을 반복해서 동그랗고 매끄러운 원형 상태의 반죽을 만든다.

9. 볼에 담고 랩이나 젖은 면포를 씌운다. 랩을 씌울 경우 숨구멍을 적당히 뚫어, 따뜻한 곳에서 약 50~60분 정도 1차 발효한다.

10. 손가락에 밀가루(분량 외)를 묻혀 반죽의 중앙을 찔렀을 때 자국이 그대로 남아있고 반죽이 처음보다 2배 정도 부풀면 1차 발효를 완료한다. 가볍게 눌러 큰 기포를 없앤다.

11. 스크래퍼로 반죽을 6등분(약 73g)해서 둥글리기 한다. 랩이나 젖은 면포를 덮고 15분 정도 중간 발효한다.

12. 한 번 더 둥글리기 한 다음, 밀대로 밀어준다.

13. 반죽의 양쪽 면을 안쪽으로 접은 뒤, 한 번 더 접는다.

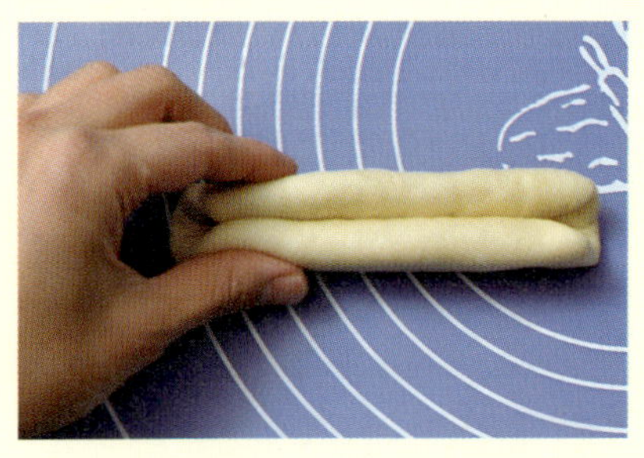  

14. 반죽이 풀리지 않도록, 반죽의 이음새 부분을 꼬집어 잘 봉한다.

15. 반죽을 여러 번 굴려 소시지 길이보다 조금 더 긴 스틱형으로 만든다.

16. 테프론시트지를 깐 오븐 팬에 반죽의 이음새가 밑으로 향하게 하여, 적당한 간격을 두고 올린다. 반죽의 양끝은 남겨두고 가운데에 길쭉하고 깊게 칼집을 넣는다.

17. 칼집 사이에 머스터드소스, 토마토 케첩, 피자치즈를 순서대로 올린다.

18. 소시지를 올리고 손으로 눌러준다. 소시지 주변에 피자치즈를 조금 더 얹고 후춧가루를 뿌린 후, 따뜻한 곳에서 30~35분 정도 2차 발효한다.

19. 2차 발효를 마친 반죽의 소시지를 다시 살짝 눌러주고, 마요네즈와 케첩을 지그재그로 짠다. 건파슬리를 뿌려 장식한다(건파슬리는 생략가능).

20. 미리 180℃로 예열한 오븐에서 12분 정도 굽는다.

건포도 호밀 스틱빵

난이도 : ★★★
분량 : 길이 약 24cm 5개
재료 : 강력분 234g, 호밀가루 26g, 탈지분유 13g, 설탕 7g, 소금 4g,
  인스턴트 드라이이스트 4g, 물 150~155g, 무염 버터 26g, 건포도(설타나) 65g
장식 : 강력분 적당량
도구 : 스텐바트, 거품기, 스크래퍼, 랩(또는 면포), 밀대

준비하기

1. 건포도는 물에 씻은 다음 체에 올려 물기를 확실히 뺀 다음 사용한다.

2. 버터는 미리 냉장고에서 꺼내 30분 ~1시간 정도 실온에 두어 차가운 기를 없앤다.

Comment :

건포도의 달콤함이 특징인 고소한 스틱빵이에요. 반죽을 비틀어서 만드는 스틱형이라 만드는 과정도 재미있고 먹는 재미도 있습니다. 건포도는 미리 씻어, 붙어 있는 이물질을 제거하고 사용해주세요.

1. 볼에 강력분, 호밀가루, 탈지분유, 설탕, 소금, 인스턴트 드라이이스트를 넣는다. 거품기로 고루 섞어서 밀가루 코팅을 한다.

2. 물을 조금씩 넣으며 섞는다. 가루와 수분이 서서히 섞이면서 가루기가 없어지고, 한 덩어리가 된다.

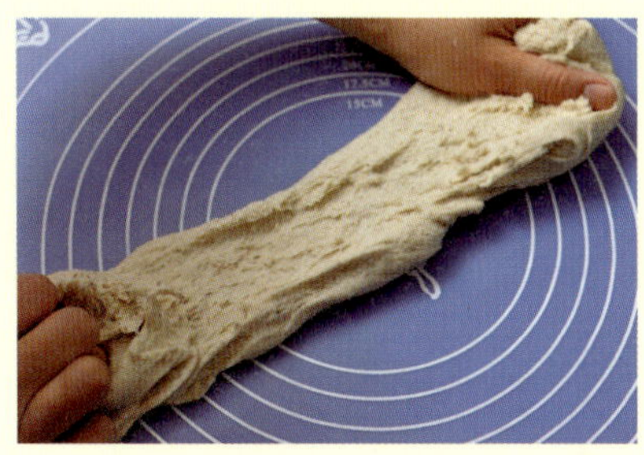

3. 손으로 반죽을 밀고, 접고, 당기는 등 계속 치댄다. 찰기와 탄력이 생겨 반죽이 작업대에서 잘 떨어질 때까지 반죽한다.

4. 반죽을 한 덩어리로 뭉치고 납작하게 만든 후, 버터를 반죽 위에 올리고 섞는다. 버터가 보이지 않도록 반죽을 접어 반죽한다.

5. 반죽을 하다보면 반죽이 찢어지고 버터가 질척하지만, 반죽과 잘 섞이도록 치대는 과정을 반복한다. 반죽이 작업대에서 깨끗하게 떨어지고, 표면이 매끄러워질 때까지 치댄다.

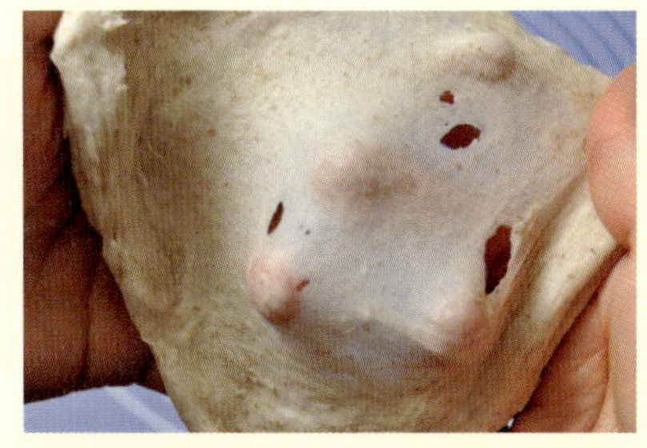

6. 반죽을 약간 떼서 둥글리고 손끝으로 살살 늘려 보았을 때, 반죽이 끊어지지 않고 탄력 있게 늘어나면서 매끈한 얇은 막처럼 만들어지는지 확인한다. 반죽에 손가락이 비칠 정도로 얇게 늘어나야 한다.

7. 반죽을 납작하게 눌러준 다음, 전처리한 건포도를 올린다. 건포도가 터지지 않도록 주의하며 고루 섞는 정도로만 반죽한다(건포도가 터지면 건포도의 당분이 반죽에 녹아들어 질척해질 뿐만 아니라 당분 때문에 발효에도 지장이 생긴다).

8. 양손으로 가볍게 앞으로 끌어오는 과정을 반복해 동그랗고 매끄러운 원형 상태의 반죽을 만든다.

9. 볼에 담고 랩이나 젖은 면포를 씌운다. 랩을 씌울 경우 숨구멍을 적당히 뚫어, 따뜻한 곳에서 약 50~60분 정도 1차 발효한다. 손가락에 밀가루(분량 외)를 묻혀 반죽의 중앙을 찔렀을 때 자국이 그대로 남아있고 반죽이 처음보다 2배 정도 부풀면 1차 발효를 완료한다. 발효 중 생긴 기포는 손바닥으로 가볍게 눌러 없앤다.

10. 반죽의 깨끗한 면을 위로 하고 양손으로 반죽을 가볍게 앞으로 당기는 과정을 반복해 길쭉하게 만든다. 길쭉한 반죽을 스크래퍼로 5등분(약 100g)한 다음 둥글리기 한다.

11. 랩이나 젖은 면포를 덮어 15분 정도 중간 발효한다.

12. 중간 발효가 끝나면 타원형으로 밀어준다.

13. 반죽을 뒤집어 양쪽 면을 안쪽으로 접는다.

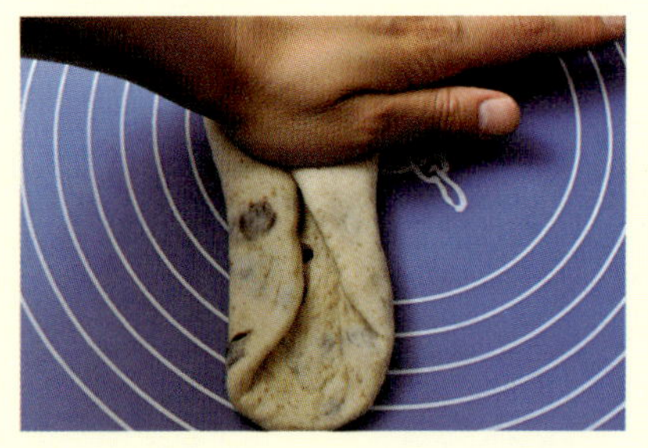 

14. 접힌 부분을 손바닥으로 꼭꼭 눌러 준 후, 한 번 더 접는다. 반죽이 맞물리는 끝부분은 꼬집어 붙여 반죽이 풀리지 않도록 꼼꼼하게 봉한다(건포도는 반죽 속으로 넣어 밖으로 보이지 않도록 한다).

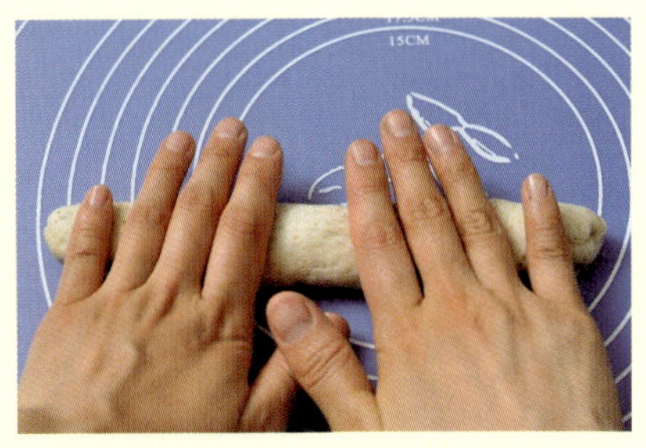  

15. 반죽을 살살 굴려 약 22cm 정도의 길이로 늘이며, 이음새 부분도 잘 붙도록 한다.

16. 강력분(장식용)을 골고루 묻힌다.

17. 반죽을 수차례 비틀고 굴려 모양을 만든다.

18. 테프론시트지를 깐 오븐팬에 적당한 간격을 두고 나열한다. 따뜻한 곳에서 30분 정도 2차 발효한다.

19. 미리 180℃로 예열한 오븐에서 약 20~25분 정도 굽는다. 색이 균일하게 나올 수 있도록 굽는 중간에 팬의 위치를 반대로 바꾼다.

치즈 호밀 스틱빵

난이도 : ★★★
분량 : 길이 약 22cm 스틱형 빵 6개
재료 : 강력분 320g, 호밀가루 80g, 설탕 48g, 소금 4g, 인스턴트 드라이이스트 6g,
　　　　우유 270~280g, 무염 버터 40g, 베이커리 롤치즈 · 물 · 파마산치즈가루 적당량
도구 : 스텐바트, 거품기, 밀대, 스크래퍼, 랩(또는 면포), 붓

재료 소개

베이커리 롤치즈

베이커리 롤치즈는 빵이나 과자에 치즈 본연 외의 풍부한 맛과 영양을 더해 줄 뿐만 아니라 치즈가 녹지 않아 빵 속의 치즈를 확인하실 수 있는 재료입니다.

준비하기

1. 버터, 우유는 미리 냉장고에서 꺼내 30분~1시간 정도 실온에 두어 차가운 기를 없앤다.

2. 파마산치즈가루를 뿌린 넓은 스텐바트를 준비한다.

Comment :

따뜻한 아메리카노가 저절로 생각나는 담백한 맛이 특징이에요. 동글한 모양의 롤치즈를 넣어 고소하면서 씹는 즐거움이 있는 치즈 호밀 스틱빵을 만들었어요. 파마산치즈 특유의 짭짤한 맛이 가미되어 진한 치즈의 풍미를 느낄 수 있답니다.

1. 볼에 강력분, 호밀가루, 설탕, 소금, 인스턴트 드라이이스트를 넣는다. 거품기로 고루 섞어 밀가루 코팅을 한다.

2. 우유를 조금씩 넣으며 섞는다.

3. 가루기가 없어질 때까지 섞어, 한 덩어리로 만든다.

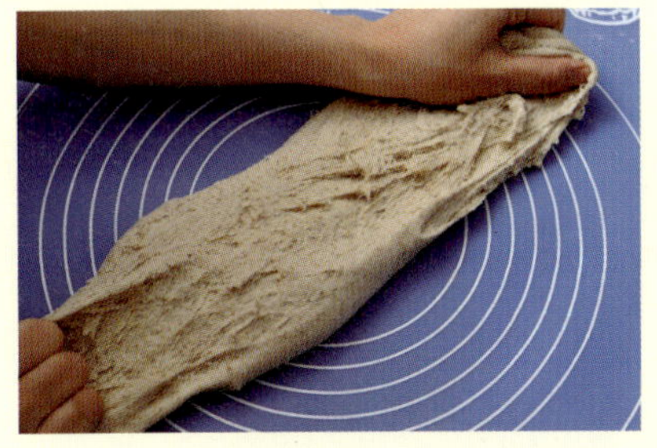

4. 손으로 반죽을 밀고, 접고, 당기는 등 계속 치댄다. 찰기와 탄력이 생겨 반죽이 작업대에서 잘 떨어질 때까지 반죽한다.

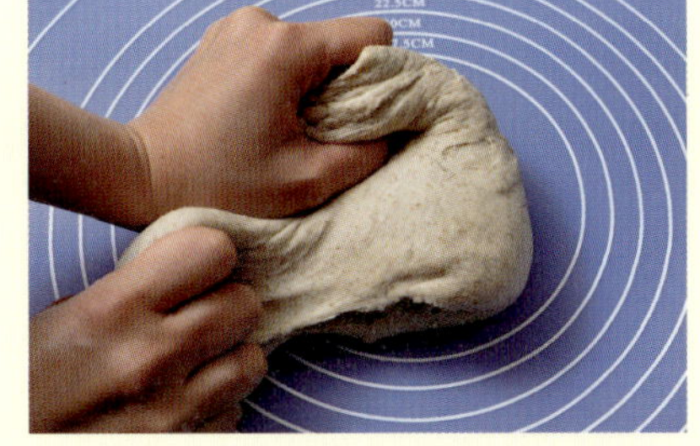

5. 반죽을 한 덩어리로 뭉치고 납작하게 만든 후, 부드러운 상태의 버터를 반죽 위에 올리고 섞는다. 버터가 보이지 않도록 반죽을 접어 반죽한다.

6. 반죽을 하다보면 반죽이 찢어지고 버터가 질척이지만, 반죽과 잘 섞이도록 치대는 과정을 반복한다. 반죽이 작업대에서 깨끗하게 떨어지고, 표면이 매끄러워질 때까지 치댄다.

7. 반죽을 약간 떼서 둥글리고 손끝으로 살살 늘려 보았을 때, 반죽이 끊어지지 않고 탄력 있게 늘어나면서 매끈한 얇은 막처럼 만들어지는지 확인한다. 반죽에 손가락이 비칠 정도로 얇게 늘어나야 한다.

8. 양손으로 가볍게 앞으로 끌어오는 과정을 반복해 동그랗고 매끄러운 원형 상태의 반죽을 만든다. 볼에 담고 랩이나 젖은 면포를 씌운다. 랩을 씌울 경우 숨구멍을 적당히 뚫어, 따뜻한 곳에서 약 50~60분 정도 1차 발효한다.

9. 손가락에 밀가루(분량 외)를 묻혀 반죽의 중앙을 찔렀을 때 자국이 그대로 남아있고 반죽이 처음보다 2배 정도 부풀면 1차 발효를 완료한다.

10. 가볍게 눌러 기포를 없앤다.

11. 반죽의 깨끗한 면을 위로 하고 양손으로 반죽을 가볍게 앞으로 당기는 과정을 반복해 표면을 동그랗고 매끈하고 팽팽하게 만든다.

12. 반죽을 둥글고 길게 만들고, 약 120g씩 분할한다(반죽을 저울에 잰 다음, 스크래퍼를 이용하여 분할한다).

13. 반죽을 둥글리기 한 다음, 랩이나 젖은 면포를 덮고 15~20분 정도 중간 발효한다.

14. 중간 발효가 끝나면 한 번 더 둥글리기 한다.

15. 반죽을 밀대로 밀고, 뒤집는다.

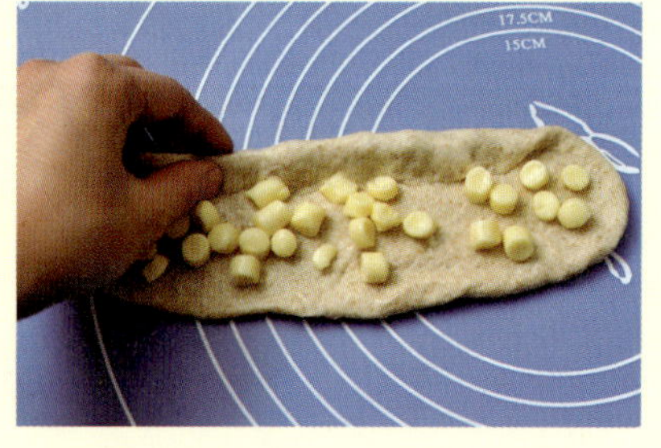

16. 롤치즈를 올린 후, 롤치즈를 감싸면서 반죽을 말아준다.

17. 반죽이 풀리지 않도록, 반죽의 이음새 부분을 꼬집어 잘 봉한다.

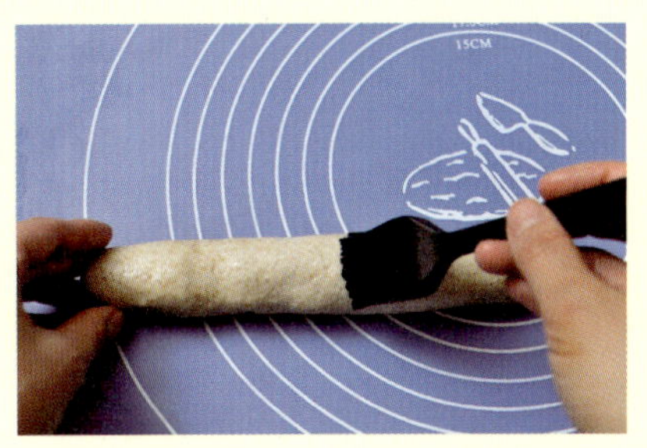

18. 반죽을 여러 번 굴려 스틱형으로 만든 후, 붓으로 물을 바른다.

19. 스텐바트 위에서 반죽을 굴리며 파마산치즈가루를 고루 묻힌다.

20. 오븐 팬에 반죽의 이음새가 밑으로 향하게 하여, 적당한 간격을 두고 올린다. 약 40분 정도 2차 발효한다.

21. 발효가 끝나면 칼집을 살짝 낸다.

22. 미리 180℃로 예열한 오븐에서 12분 정도 굽다가 팬의 위치를 반대로 바꾸어 5분 정도 더 굽는다(오븐의 온도가 너무 높으면 파마산치즈가 탈 수 있으므로 주의한다. 색이 진하게 나타나면 쿠킹호일을 덮는다).

아몬드크림 빵

난이도 : ★★★

분량 : 지름 9cm 8개

재료 : 강력분 250g, 설탕 20g, 소금 3g, 인스턴트 드라이이스트 4g, 달걀 30g,
　　　 물 110~114g, 무염 버터A 65g

장식 : 무염 버터B 40g, 설탕 40g, 달걀 30g, 아몬드가루 50g, 럼주 1작은술,
　　　 슬라이스아몬드 적당량

도구 : 거품기, 랩(또는 면포), 스크래퍼, 베이킹컵, 짤주머니

미리 준비하기

1. 버터는 미리 냉장고에서 꺼내 30분
   ~1시간 정도 실온에 두어 차가운
   기를 없앤다.

2. 아몬드가루(장식용)는 체친다.

Comment :

아몬드크림을 올려 구웠기 때문에 겉
은 바삭바삭하고 속은 폭신폭신한 빵
이에요. 아몬드크림이 부족하지 않도
록 균일하게 분배해주세요.

만드는 방법

1. 볼에 버터B를 넣고 부드럽게 풀어준 다음, 설탕을 넣고 섞는다. 멍울 푼 달걀을 조금씩 넣으며 섞는다.

2. 아몬드가루와 럼주를 넣고 섞어 아몬드크림을 완성한다. 아몬드크림은 짤주머니에 넣어 준비한다(럼주는 생략가능).

3. 볼에 강력분, 설탕, 소금, 인스턴트 드라이이스트를 넣는다. 거품기로 고루 섞어 밀가루 코팅을 한다.

4. 달걀, 물을 조금씩 넣으며 섞는다. 가루와 수분이 서서히 섞이면서 가루기가 없어지고, 한 덩어리가 된다.

5. 작업대 위로 반죽을 옮겨 손으로 반죽을 밀고, 접고, 당기는 등 계속 치댄다. 찰기와 탄력이 생겨서 반죽 작업대에서 잘 떨어질 때까지 반죽한다.

6. 반죽을 한 덩어리로 뭉치고 납작하게 만든 후, 버터A를 반죽 위에 올리고 섞는다. 버터A가 보이지 않도록 반죽을 접어 반죽한다.

7. 반죽을 하다보면 반죽이 찢어지고 버터가 질척이지만, 반죽과 잘 섞이도록 치대는 과정을 반복한다. 반죽이 작업대에서 깨끗하게 떨어지고, 표면이 매끄러워질 때까지 치댄다.

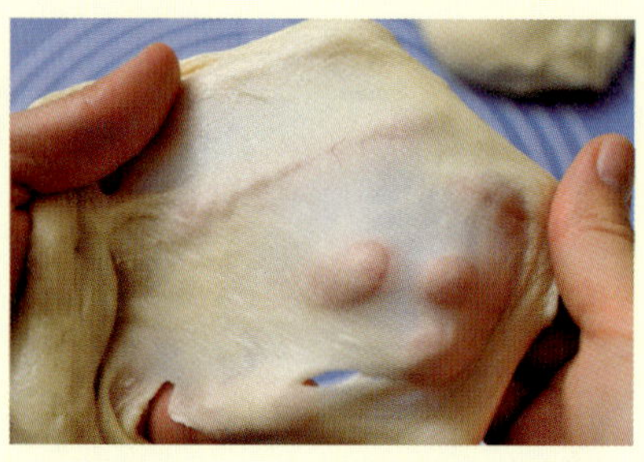

8. 반죽을 약간 떼서 둥글리고 손끝으로 살살 늘려 보았을 때, 반죽이 끊어지지 않고 탄력 있게 늘어나면서 매끈한 얇은 막처럼 만들어지는지 확인한다. 반죽에 손가락이 비칠 정도로 얇게 늘어나야 한다.

9. 반죽을 양손으로 가볍게 앞으로 끌어오는 과정을 반복해 동그랗고 매끄러운 원형 상태의 반죽을 만든다. 볼에 담고 랩이나 젖은 면포를 씌운다. 랩을 씌울 경우 숨구멍을 적당히 뚫는다.

10. 따뜻한 곳에서 50~60분 정도 1차 발효한다.

11. 손가락에 밀가루(분량 외)를 묻혀 반죽의 중앙을 찔렀을 때 자국이 그대로 남아있고 반죽이 처음보다 2배 정도 부풀면 1차 발효를 완료한다. 반죽을 손으로 가볍게 눌러 기포를 없앤다.

12. 반죽의 깨끗한 면을 위로 향하게 한 뒤, 양손으로 반죽을 가볍게 앞으로 당기는 과정을 반복하여 표면을 동그랗고 매끈하고 팽팽하게 만든다. 반죽을 길쭉하게 만든 후, 스크래퍼로 8등분(약 58g씩)으로 나눈다.

13. 분할한 반죽은 둥글리기한 후, 랩이나 젖은 면포를 덮어 약 15분 정도 중간 발효한다.

14. 중간 발효가 끝난 반죽은 공기를 가볍게 빼주며 둥글리기한 다음 베이킹컵에 담는다.

15. 반죽이 1.5배 정도로 부풀 때까지 따뜻한 곳에서 30분 정도 2차 발효한다.

16. 짤주머니에 넣은 아몬드크림을 반
죽 위에 달팽이 모양으로 짠다.

17. 슬라이스아몬드를 뿌린다.

18. 미리 180℃로 예열한 오븐에서 15
분 정도 굽는다. 색이 균일하게 나
올 수 있도록 굽는 중간에 팬의 위
치를 반대로 바꾼다.

Part 3.

절대 실패하지 않는
쿠키와 과자

랑그 드 샤

난이도 : ★ ★ ★

분량 : 지름 4cm 약 25개

재료 : 달걀흰자 60g, 소금 1g, 분당 122g, 아몬드가루 62g, 박력분 50g, 강력분 20g,
생크림 70g, 바닐라빈 1개, 무염 버터 107g

도구 : 거품기, 지름 1cm 원형 모양깍지, 짤주머니, 테프론시트지, 목장갑, 메탈바

준비하기

1. 버터, 달걀, 생크림은 미리 냉장고
에서 꺼내 30분~1시간 정도 실온
에 두어 차가운 기를 없앤다. 만들
기 직전에 흰자와 노른자를 분리하
여 흰자만 계량해서 사용한다.

2. 아몬드가루, 박력분, 강력분 섞어
2~3회 정도 체 쳐둔다.

3. 짤주머니에 지름 1cm 원형 모양깍
지를 끼워둔다.

Comment :

랑그 드 샤는 고양이의 혀라는 의미로
이름이 어렵긴 하지만, 바삭바삭하고
고소해 인기가 좋은 쿠키입니다. 꼬불
꼬불하게 만드는 것이 조금 까다롭긴
하지만, 연습을 통해서 독특한 모양을
만들 수 있도록 노력하는 과정이 재미
있습니다. 오븐에서 갓 나온 쿠키는 뜨
거우므로 반죽을 접을 때는 반드시 목
장갑 2겹을 겹쳐서 끼고 작업하도록
합니다.

만드는 방법

1. 볼에 달걀흰자, 소금을 넣고 거품기로 천천히 풀어준다.

2. 분당을 3회 정도에 나누어 넣으며 섞는다.

3. 아몬드가루와 박력분, 강력분을 넣고 가볍게 섞는다.

4. 생크림을 전자레인지로 몇 초간 돌려 따뜻하게 데워서 섞는다.

5. 바닐라빈은 반으로 가르고 칼등으로 씨앗만 살살 긁어 넣고 섞는다.

6. 버터를 전자레인지로 몇 초간 돌려 녹여서 섞는다.

7. 실온에 잠시 두어 휴지시킨다(휴지시
키면 반죽이 좀 더 단단해져서 짜기
좋아진다).

8. 지름 1cm 원형 모양깍지를 끼운 짤
주머니에 반죽을 넣는다.

9. 테프론시트지를 깐 오븐팬에 길이가
약 30cm 정도 되도록 얇고 길게 반
죽을 짜준다(반죽이 많이 퍼지므로
간격을 많이 띄운다). 얇고 길게 짜
줘야 꼬불꼬불하게 접을 수 있다.

10. 미리 180℃로 예열한 오븐에서 약
15~18분 정도 진한 갈색이 될 때
까지 굽는다. 색이 나면 팬을 반대
로 돌려 고르게 색이 날 때까지 더
굽는다.

11. 쿠키가 다 구워질 때 즈음 목장갑을 2겹으로 끼고 대기한다. 오븐에서 꺼내자마
자 뜨거운 상태인 쿠키를 재빨리 반으로 접고 다시 반으로 접고, 또 한 번 더 접
어준다(총 3번).

12. 접은 모양이 풀리지 않도록 메탈바 등 무거운 것으로 고정시켜둔다.

13. 쿠키가 뜨겁지 않으면 접어지지 않
고 부서지므로, 오븐에서 꺼내자마
자 뜨거울 때 재빨리 접어야 한다.
타이밍을 놓치면 접다가 부서지게
된다.

14. 접는 과정이 어렵게 느껴진다면 손가락 정도의 길이로 짜서 구워도 좋다.

아몬드 튀일

난이도 : ★★
분량 : 지름 8cm 약 17개
재료 : 달걀 20g, 달걀흰자 70g, 설탕 80g, 박력분 14g, 무염 버터 20g,
       슬라이스 아몬드 120g
도구 : 주걱, 거품기, 스크래퍼, 테프론시트지, 밀대, 랩

준비하기

1. 박력분은 체 쳐둔다.

2. 달걀은 미리 냉장고에서 꺼내 30분~1시간 정도 실온에 두어 차가운 기를 없앤다.

Comment :

튀일은 프랑스어로 기와라는 뜻인데 기왓장처럼 생긴 모양 때문에 붙은 이름입니다. 우리나라 전병, 일본의 센베이와 비슷한 과자입니다. 재료가 간단하고 손쉽게 만들 수 있습니다. 아주 고소하고 바삭바삭해 어린이는 물론 어른까지 모두 즐길 수 있는 인기가 좋은 과자입니다.

1. 볼에 달걀과 달걀흰자를 넣고 거품기로 풀어준다. 설탕을 넣고 녹을 때까지 한 방향으로 저어준다(잘 안 녹으면 중탕으로 설탕을 녹인다).

2. 박력분을 넣고 섞는다.

3. 냄비에 버터를 넣고, 약불에 올려 녹이다가 중불로 바꿔 거품기로 갈색이 될 때까지 계속 섞으면서 끓인다. 따듯한 상태의 태운 버터를 볼에 넣고 섞는다. 랩을 씌워 하룻밤 냉장고에서 숙성시킨다.

4. 슬라이스 아몬드를 넣고 주걱으로 섞는다.

5. 테프론시트지를 깐 오븐팬에 숟가락으로 반죽을 떠 지름 8cm 정도로 얇게 펴준다.

6. 미리 170℃로 예열한 오븐에서 갈색이 될 때까지 15~20분 정도 굽는다. 구운 색을 보면서 굽는 중간에 팬을 반대로 돌려준다.

7. 오븐에서 꺼내자마자 튀일이 뜨거울 때 스크래퍼로 조심스럽게 튀일을 분리한다.

8-1. 분리한 튀일을 바로 밀대 위에 올려 동그랗게 모양을 잡는다. 튀일이 뜨거우니 손을 데이지 않도록 조심한다. 면장갑을 끼면 뜨겁지 않고, 작업하기 좋다.

8-2. 반 원통에 쿠킹호일을 싸서 모양을 잡아도 좋다. 타이밍을 놓쳐 쿠키가 많이 뜨겁지 않으면 모양이 잡히지 않으므로 신속하게 작업한다.

8-3. 모양 잡는 것이 어렵게 느껴진다면 7번 과정에서 완료해도 좋다.

9. 동그랗게 모양을 잡은 뒤에 식힘망에 올려 완전히 식힌다.

※ 깨 튀일을 만들 경우 검정깨, 흰깨를 섞어 80~100g을 슬라이스 아몬드 대신 사용하면 된다.

까눌레

난이도 : ★★★
분량 : 11개
재료 : 우유 500g, 바닐라빈 1개, 박력분 125g, 설탕 250g, 달걀 25g, 달걀노른자 45g,
　　　 럼주 20~30g, 무염 버터 40g
보조 재료 : 밀랍 적당량
도구 : 거품기, 체, 비커, 까눌레틀, 중탕볼, 냄비, 랩, 쿠킹호일, 면장갑

재료 소개

cannelé란 프랑스어로 '세로 홈을 판', '주름을 잡은', '골이 진' 이라는 뜻입니다. 까눌레틀 모양을 살펴보면 세로로 주름이 잡혀있는데, 이 독특한 모양 때문에 멋스러운 과자를 만들 수 있습니다.

준비하기

1. 달걀은 미리 냉장고에서 꺼내 30분~1시간 정도 실온에 두어 차가운 기를 없앤다.

2. 달걀과 달걀노른자를 함께 계량한다.

1. 우유와 바닐라빈 씨앗(반으로 가른 다음 칼등으로 씨앗만 살살 긁어서 넣음), 바닐라빈 껍질과 함께 냄비에 넣고 가장자리가 끓을 때까지만 끓인다. 끓으면 불을 끄고 그대로 5분 이상 두어 바닐라 향이 배이게 한다.

2. 볼에 박력분과 설탕을 섞고 2~3회 정도 체친다.

3. 끓인 우유를 부으면서 거품기로 섞는다. 글루텐이 생기면 식감이 좋지 않으므로 천천히 섞는다.

4. 달걀과 달걀노른자를 넣어 섞은 후 럼주를 넣고 섞는다.

5. 버터를 냄비에 넣어 중약불에 끓여 갈색으로 태운다. 잠시 식힌 후 따뜻한 상태의 태운 버터를 4에 넣고 섞는다.

6. 볼에 랩을 씌우고 냉장고에서 12시간 이상 휴지시킨다.

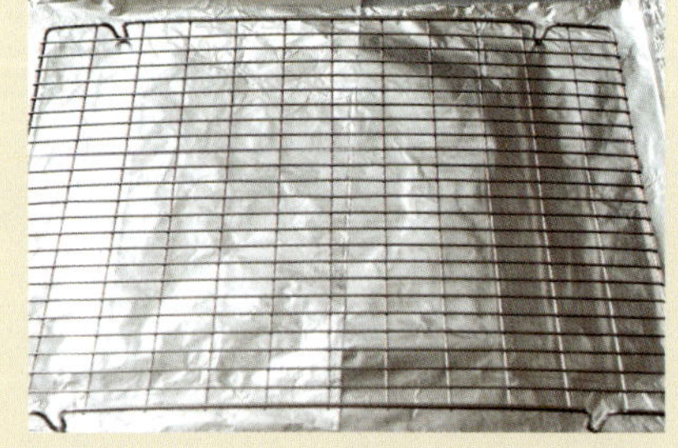

7. 바닥에 쿠킹호일을 깔고 오래되어 잘 안 쓰는 식힘망(밀랍 코팅하면 밀랍이 묻어 양초가 녹은 것처럼 굳어버려 지저분해지므로)을 올려 밀랍 코팅을 준비한다.

8. 면장갑을 2겹으로 두껍게 낀다. 밀랍은 녹는점이 높아 굉장히 뜨겁기 때문에 밀랍이 면장갑에 튀지 않게 조심한다.

9. 까눌레틀에 밀랍을 얇게 코팅하려면 틀도 밀랍처럼 뜨거운 상태가 되어야 하므로, 미리 약 190~200℃로 예열한 오븐에 넣어 10분 이상 뜨겁게 데운다.

10. 9의 과정과 동시에 밀랍을 중탕볼에 넣고 중탕으로 녹인다. 밀랍이 녹으면서 가끔 딱딱거리는 소리가 난다.

11. 녹인 밀랍을 뜨겁게 데운 까눌레틀에 가득 부어준다. 가득 부운 밀랍을 계속해서 다른 까눌레틀에 신속하게 부어가면서 틀 안쪽을 밀랍으로 코팅한다(작업 시 뜨거우므로 면장갑을 끼고 조심스럽게 작업한다).

12. 밀랍으로 코팅한 틀을 뒤집어 식힌다.

13. 냉장고에서 휴지시켜 둔 반죽을 고운체에 걸러 비커에 담는다.

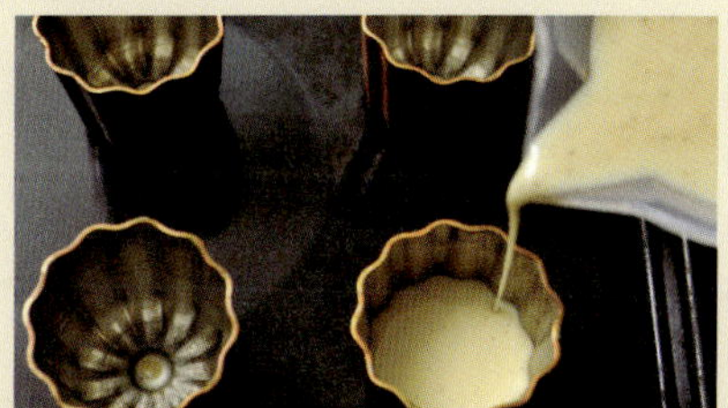

14. 반죽을 틀 윗부분에서 약 0.5cm 정도 남겨두고 채운다.

15. 미리 220℃로 예열한 오븐에서 약 20분간 구운 후, 오븐 온도를 200℃로 낮춰 20~30분 정도 더 굽는다. 굽는 시간은 제품 상태를 보면서 조절한다.

Comment :

까눌레(cannelé)는 프랑스 남서쪽에 위치한 보르도를 대표하는 과자로 14세기 프랑스 수녀원에서 플루트 모양의 세로로 홈이 있는 틀로 굽는다하여 붙여진 이름이라고 합니다.

겉은 바삭하고 속은 보들보들해서 커스터드 크림 같은 느낌이 나는 과자입니다. 유래로는 예전 수도원에서 불을 밝히기 위한 밀납을 얻으려 벌을 키웠는데, 그 때 초로 이용하고 남은 밀랍을 활용하기 위해서 만들었다는 설과 마카롱을 만들고 나서 남은 노른자를 처리하기 위해서 만들기 시작했다는 설 등이 있습니다. 프랑스 혁명으로 수녀가 추방되었던 시기에는 만들지 못했지만 1830년에 다시 만들기 시작했답니다. 보르도에는 지금도 까눌레 협회가 있고, 전통 레시피도 잘 보존되어 있습니다.

크로캉

준비하기

1. 건포도는 따뜻한 설탕물(분량 외)에 5~10분 정도 담가 두었다가 꼭 짜고, 키친타월을 이용해서 물기를 확실히 없애 바트에 담아둔다(너무 오래 불리면 물러서 터지기 쉽다).

Comment :

'바삭거린다' 라는 뜻의 크로캉은 이름 그대로 바삭하게 씹히는 맛이 특징입니다. 좋아하는 견과류를 넣어서 울퉁불퉁하고 투박하게 굽는 것이 먹음직스럽습니다. 견과류의 고소한 맛과 건포도의 쫀득쫀득한 맛이 매력적인 쿠키입니다.

1. 통아몬드는 1개를 3등분해서 칼로 자르고, 헤이즐넛과 피스타치오는 반으로 자른다. 오븐팬에 나열해서 미리 170℃로 예열한 오븐에서 10분 정도 구운 다음 식힌다(견과류는 기호에 따라 바꿀 수 있다).

2. 볼에 박력분, 설탕을 담아 섞어 2~3회 정도 체친다.

3. 볼에 달걀흰자를 넣고 주걱으로 바닥에서 끌어 올리듯이 섞는다. 설탕이 녹고 매끈매끈해질 때까지 충분히 섞어준다.

4. 1의 아몬드와 피스타치오, 헤이즐넛, 건포도를 넣고 섞는다.

5. 테프론시트지를 깐 오븐팬에 스푼으로 반죽을 떠서 나열한다.

6. 약 1.5배 정도는 커지므로 5cm 정도 사이를 띄운다.

7. 분당(장식용)을 분당체에 담아 뿌린다.

8. 미리 170℃로 예열한 오븐에 15~18분 정도 굽는다. 다 구우면 오븐팬째로 식힌다. 한김 식으면 식힘망으로 옮겨 완전히 식힌다.

호두 샤블레

난이도 : ★★
분량 : 지름 7.5cm 원형 쿠키 약 16~18개
재료 : 무염 버터 200g, 박력분 250g, 아몬드가루 40g, 소금 한꼬집, 설탕 150g,
　　　 바닐라빈 1개, 달걀노른자 1개분, 우유 12g, 호두 분태 140g
도구 : 원형커터(지름 7.5cm), 테프론시트지, 스크래퍼, 밀대

준비하기

1. 버터는 1cm 길이로 깍둑썰기 해 냉장고에 넣어둔다.

2. 바닐라빈을 반으로 갈라 씨앗을 칼 등으로 살살 긁어낸 후 계량한 설탕에 넣어 비빈다(바닐라빈은 생략 가능).

3. 넓은 볼에 박력분, 아몬드가루, 소금과 설탕을 모두 섞어 체친다. 사용 전까지 냉장 보관한다.

4. 달걀노른자와 우유를 합쳐서 30g 으로 계량한 후, 랩을 씌워 냉장고 에 넣어둔다.

5. 호두분태는 전처리한다(호두 전처리 34쪽 참고).

만드는 방법

1. 냉장고에서 금방 꺼낸 차가운 버터를 박력분, 아몬드가루, 설탕, 소금, 바닐라빈 씨앗과 섞는다.

2. 스크래퍼 2개를 양손에 잡고 버터가 녹지 않도록 빠른 속도로 잘게 자르면서 가루분과 섞는다.

3. 스크래퍼로 중앙을 움푹 파이게 한 후, 달걀노른자와 우유를 넣는다. 그 위를 가루분으로 덮은 후 자르듯이 골고루 섞는다.

4. 구워 둔 호두 분태를 넣고 섞어준다.

5. 손으로 반죽하듯이 한 덩어리로 뭉친다.

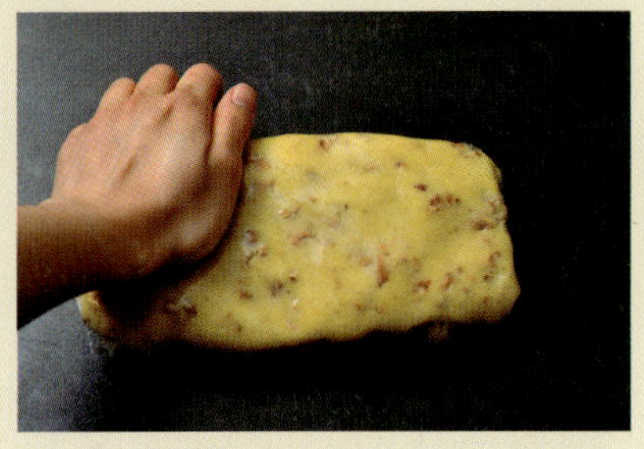

6. 비닐로 밀봉해 냉장고에서 1시간 이상 휴지시킨다.

7. 휴지가 끝난 반죽을 반으로 갈라 덧가루(분량 외)를 뿌린 작업대에 반만 올려주고, 나머지는 다시 봉지에 담아 사용 전까지 냉장 보관한다.

8. 냉장고에서 꺼낸 직후의 반죽은 단단하므로 실온에서 잠시 두었다가 작업한다. 밀대에 강력분(분량 외)을 뿌리고 1cm 두께 정도로 반죽을 늘린다.

9. 원형커터로 반죽을 찍어낸 후 커터를 빼지 않은 채로 테프론시트지를 깐 오븐팬에 적당한 간격을 두고 나열한다. 찍고 남은 반죽은 다시 뭉쳐서 사용한다.

10. 미리 170℃로 예열한 오븐에서 35~40분 정도 노릇노릇하게 굽는다.

11. 오븐팬에 그대로 둔 채로 원형커터가 식을 때까지 기다렸다가 분리한 후, 식힘망에 올려 완전히 식힌다.

Comment :

반죽 시, 반죽 온도가 올라가면 버터가 녹아 박력분과 결합되어 글루텐이 생성됩니다. 따라서 재료는 반죽 직전까지 차갑게 유지하고, 서늘한 곳에서 작업하는 게 좋습니다. 글루텐 형성이 억제되고 버터가 균일하게 섞이면, 바삭바삭한 식감과 고소한 맛의 샤블레를 즐길 수 있습니다.

슈크림

준비하기

1. 박력분은 2~3회 정도 미리 체 쳐 둔다.

2. 버터, 달걀은 미리 냉장고에서 꺼내 30분~1시간 정도 실온에 두어 차가운 기를 없앤다. 달걀은 작업 전에 비커에 담아 멍울을 풀어 둔다.

3. 장식용 달걀물은 달걀노른자와 우유를 섞은 다음 체에 내려 만들어 둔다.

Comment :

슈는 콜리플라워(cauliflower)라는 뜻의 프랑스어로, 껍질이 부푼 모양이 이와 흡사한 데서 붙은 이름입니다. 오븐 속에서 양배추처럼 껍질이 울퉁불퉁 부풀고 있는 모양을 보고 있으면 기분이 좋아집니다. 슈크림은 열을 가해 굽기 때문에 반죽에 포함된 수분이 중심부에서 수증기가 되어 팽창하면서 반죽을 확대하고, 찰기가 있는 반죽이 고무풍선처럼 늘어나게 됩니다. 슈 속에 커스터드 크림 외에 다른 종류의 크림을 채워 만들어도 좋습니다.

1. 냄비에 물과 버터(약 2cm 길이로 작게 자른), 소금, 설탕을 넣고 중불에 올려 끓인다.

2. 버터가 완전히 녹아 끓으면 불에서 내린다. 끓이는 중간에 냄비를 동그랗게 돌려 고르게 섞이도록 한다.

3. 냄비에 박력분을 한 번에 넣고 반죽이 덩어리가 생기지 않도록 주걱으로 이기듯이 고르게 섞는다.

4. 다시 중불 위에 올려 수분을 날리는 느낌으로 주걱으로 섞으면서 볶아준다. 계속 섞어주면서 반죽이 바닥에 눌러 붙지 않도록 주의하며 익힌다.

5. 냄비 바닥에 얇은 막이 들러붙고, 보글보글한 작은 거품이 생기고, 광택과 투명감이 돌면서, 한 덩어리로 뭉쳐지면 냄비를 불에서 내린다.

6. 냄비를 작업대에 놓고 비커에 담아 멍울을 풀어 둔 달걀을 조금씩 나누어 넣으면서 주걱으로 섞는다(반죽이 식지 않도록 차갑지 않은 상태의 달걀을 사용한다. 슈 반죽이 식으면 굳어 버리고, 들어가는 달걀의 양이 적게 되어 잘 늘어나지 않는다).

7. 마지막 달걀을 넣을 때는 반죽의 되기를 확인하고 양을 조정하도록 한다(큰 슈를 만들 때에는 되게 하고, 작은 슈를 만들 때에는 달걀의 양을 늘려 부드럽도록 한다).

8. 달걀을 다 섞고 난 후 반죽 온도는 약 30℃로 주걱으로 떠서 반죽의 되기를 확인한다.

9. 주걱으로 반죽을 떠올려 3초를 세었을 때 늘어지면서 떨어지고, 주걱에 남은 반죽의 모양이 삼각형 모양으로 남아있는 정도가 적당하다.

10. 지름 1.2cm 원형깍지를 낀 짤주머니에 반죽을 담는다. 완성된 반죽은 가능한 한 빨리 사용한다. 시간이 지나면 호화된 전분이 원래의 상태로 돌아가(노화)버려 잘 부풀지 않는다.

11. 오븐팬에 반죽을 지름 4cm 크기로 짠다. 깍지는 좌우로 움직이지 말고 한 점을 찍듯이 짠다.

12. 붓으로 장식용 달걀물을 반죽의 표면을 다듬으면서 가볍게 바른다.

13. 슬라이스아몬드를 군데군데 붙인다.

14. 미리 190~200℃로 예열한 오븐에서 약 15분 정도 굽다가 170~180℃로 낮춰 15~20분간 갈색이 나도록 더 굽는다. 굽는 시간은 슈의 상태에 따라 조절하도록 한다(굽는 동안에는 절대로 오븐 문을 열어서는 안 된다. 찬 공기가 들어가면 슈가 주저앉는다).

15. 식힘망에 올려 완전히 식힌다.

16. 볼에 커스터드 크림을 담고 부드럽게 풀어준다(커스터드 크림 40쪽 참고).

17. 생크림을 휘핑해서 커스터드 크림이 담긴 볼에 넣고 섞는다(커스터드 크림과 생 크림 비율은 약 3 : 1).

18. 만들어진 크림을 지름 0.6cm 원형 깍지를 낀 짤주머니에 담는다.

19. 슈의 뒷부분에 젓가락 등으로 구멍을 내고 크림을 짜 넣는다.

흑임자 에클레어

난이도 : ★★★★

분량 : 지름 약 14cm 24개

장식 재료 : 무염 버터 150g, 머스코바도 설탕 180g, 박력분 185g, 검은깨A 20g, 참깨 20g

슈 재료 : 물 200g, 무염 버터 92g, 소금 3g, 설탕 4g, 박력분 120g, 달걀 212~217g

크림 재료 : 생크림 600g, 마스카포네치즈 200g, 검은깨B 20g, 설탕 60g

도구 : 핸드믹서기, 주걱, 스텐바트, 랩, 지름 1.3cm 상투과자 깍지, 스크래퍼, 지름 0.6cm 원형깍지, 자, 젓가락, 주걱

준비하기

1. 박력분은 2~3회 정도 미리 체 쳐 둔다.

2. 버터, 달걀은 미리 냉장고에서 꺼내 30분~1시간 정도 실온에 두어 차가운 기를 없앤다.

3. 머스코바도 설탕은 비정제 설탕이므로 믹서기로 곱게 갈아서 사용한다(일반 설탕으로 대체 가능).

Comment :

에클레어는 프랑스어로 번개를 뜻하는데, 매우 맛있어서 번개처럼 먹어 붙여진 이름이라는 이야기가 있습니다. 에클레어 속에 들어가는 크림에 따라 다양하고 근사하게 즐길 수 있는 디저트로, 커스터드크림과 휘핑크림 등의 크림을 넣거나 초콜릿, 퐁당, 꽃잎 또는 각종 과일 등으로 장식하기도 합니다. 흑임자 에클레어는 쿠키 반죽을 올려 구워 겉은 바삭바삭하고, 속은 검은깨와 마스카포네치즈가 들어간 크림을 넣어 고소하고 부드럽습니다.

1. 볼에 버터(장식 재료용)를 넣고 핸드 믹서기로 풀어 준 다음, 머스코바도 설탕을 넣고 골고루 섞는다.

2. 검은깨A와 참깨는 사용하기 직전에 살짝 으깨서 넣고 섞어준다.

3. 박력분을 넣고 주걱으로 자르듯이 섞다가 한 덩어리로 만든다.

4. 반죽을 비닐에 싸서 납작하게 만들고, 냉장고에 1시간 이상 넣어 단단하게 만든다.

5. 반죽을 냉장고에서 꺼내어 비닐을 벗기고, 작업대에 올려 밀대로 반죽을 얇게 밀어준다. 강력분(분량 외)을 살짝 뿌리면서 작업하면 편리하다.

6. 얇게 민 반죽을 2cm×12cm 크기의 직사각형 모양으로 칼로 자른다.

7. 자른 그대로 스텐바트에 담아 마르지 않도록 랩을 씌운다. 날씨가 더워 반죽이 물러질 것 같으면 사용 전까지 냉장고에 넣어 둔다.

8. 짤주머니에 지름 1.3cm 상투과자 깍
지를 끼워 슈 반죽을 담기 좋도록 비
커에 씌워 둔다.

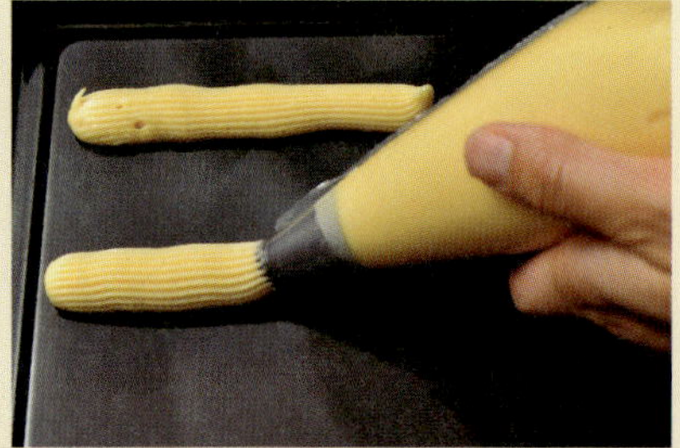

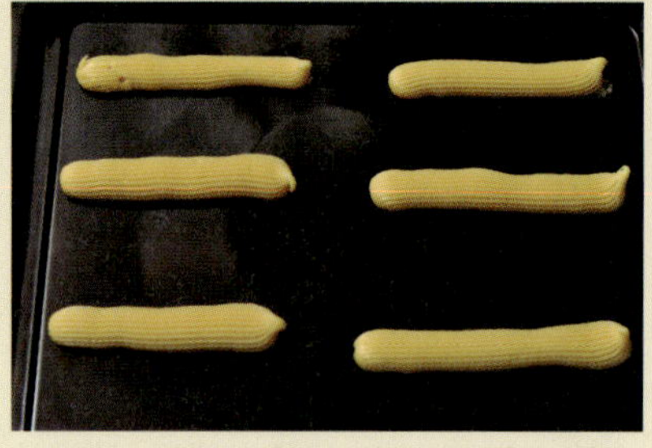

9. 짤주머니에 슈 반죽(슈 반죽 181쪽
참고)을 담고 12cm 길이로 오븐팬에
간격을 두고 짠다.

10. 직사각형으로 잘라 둔 장식 반죽이
부서지지 않게 스크래퍼로 슈 반죽
윗면에 조심스럽게 올린다.

11. 미리 190℃로 예열한 오븐에서
15~20분 정도 굽다가, 오븐 온도
를 170℃로 내려 약 15~20분 정도
더 굽는다. 굽는 시간은 슈의 상태
에 따라 조절하도록 한다(찬 공기가
들어가면 슈가 주저앉게 되므로 굽
는 동안에는 절대로 오븐 문을 열어
서는 안 된다).

12. 식힘망에 올려 완전히 식힌다.

13. 슈 바닥 양쪽 끝에 젓가락으로 구
멍을 낸다.

14. 생크림, 마스카포네치즈, 검은깨(살짝 으깨서)를 볼에 넣고 핸드믹서기로 거품을 낸다. 거품을 내는 중간에 설탕을 2회 정도로 나눠 넣어 섞는다. 얼음물 위에 볼을 놓고 거품기에서 떨어지지 않을 정도로만 거품 내어 흑임자 크림을 만든다.

15. 흑임자 크림을 지름 0.6cm 원형깍지를 낀 짤주머니에 담는다.

16. 미리 뚫어 놓은 슈 바닥의 구멍에 흑임자 크림을 짜 넣어 준다.

휘낭시에

난이도 : ★★
분량 : 4.5cm×7cm×1.7cm(가로×세로×높이) 타원모양 약 16개분
재료 : 달걀흰자 125g, 설탕 120g, 물엿 25g, 소금 적당량, 박력분 50g, 아몬드가루 50g,
　　　 무염 버터 128g, 바닐라에센스 적당량
기타 : 무염 버터(틀에 바르는 용도) 적당량
도구 : 타원틀(4.5cm×7cm×1.7cm), 유산지, 비커, 거품기, 붓

준비하기

1. 박력분과 아몬드가루를 섞은 후
   2~3회 체친다.

2. 실온에 두어 부드럽게 한 버터를
   타원틀에 두텁고 균일하게 바른다.
   붓을 사용하면 편하다(틀에 버터를
   바르면 굽고 나서 분리가 잘되고
   풍미도 좋아진다).

Comment :

'휘낭시에'는 불어로 금융가를 뜻하는
단어예요. 증권가 근처 빵집에서 금괴
에 모티브를 얻어 금괴모양의 작은 과
자를 만든 것이 휘낭시에의 유래라고
해요. 금괴모양인 네모틀에 구워낸 것
이 특징이지만, 최근에는 다양한 모양
으로 만들어요. 제과에서는 달걀노른
자만 쓰는 레시피가 많아서 달걀흰자
가 남는 경우가 많은데 이럴 때 한번
만들어보세요. 갈색으로 태운 버터를
넣어 고소하답니다.

만드는 방법

1. 달걀흰자를 거품기로 풀다가 소금을 넣고 섞는다.

2. 설탕을 넣고 거품기로 가볍게 섞어 공기를 포함시킨다. 물엿도 함께 넣고 섞는다.

3. 촘촘한 달걀흰자 기포가 눈으로 확인 가능할 정도로 섞는다.

4. 박력분, 아몬드가루를 넣고 섞는다.

5. 달걀흰자의 기포가 없어지지 않도록 재빠르게 젓는다.

6. 냄비에 버터를 넣고, 약불에 올려 녹이다가 강불로 바꾸어 거품기로 끊임없이 섞으면서 갈색이 될 때까지 태운다(거품기로 섞으면서 가열하는 이유는 버터에 균일하게 열을 가하기 위함이다).

7. 반죽에 태운 버터를 넣고 섞는다.

8. 바닐라에센스를 넣고 섞는다.

9. 비커에 반죽을 담는다.

10. 틀에 반죽을 채운다.

11. 미리 230℃로 예열한 오븐에서 6분 정도 굽는다. 고온으로 한 번에 반죽을 부풀린 다음, 180~190℃으로 온도를 낮춰 약 10~12분 더 구워준다. 진한 갈색이 나는지 확인하면서 굽는 중간에 오븐팬 위치를 반대로 바꿔 균일한 색이 나도록 한다.

12. 오븐팬을 바닥에 여러 번 내리친다 (뜨거운 공기를 날려 수축을 막기 위함). 틀에서 분리 한 후 유산지를 깐 식힘망 위에 올려 여분의 기름을 없애면서 식힌다.

13. 네모 모양의 틀에 구워도 좋다.

레몬 마들렌

난이도 : ★

분량 : 약 19~21개

재료 : 무염 버터 100g, 설탕 90g, 레몬 2개, 달걀 110g, 소금 적당량, 꿀 20g,
바닐라에센스 적당량, 박력분 100g, 베이킹파우더 3g

기타 : 무염 버터(틀에 바르는 용도) 적당량

도구 : 마들렌틀, 제스터, 랩, 유산지, 거품기, 짤주머니, 붓

준비하기

1. 박력분과 베이킹파우더를 섞은 후
   2~3회 체친다.

2. 레몬껍질은 사용하기 직전에 제스
   터를 이용해 노란 부분만 갈아서
   준비한다(제스터 대신 칼로 레몬껍
   질의 노란 부분을 얇게 깎아 다져
   도 된다).

3. 버터는 미리 냉장고에서 꺼내 30
   분~1시간 정도 실온에 두어 차가
   운 기를 없앤다.

Comment :

바로 구워서 먹어도 폭신폭신 맛있고,
다음날 먹으면 촉촉해서 더 맛있는 레
몬향이 느껴지는 마들렌이에요. 선물
용으로도 좋은 조개껍질 모양의 구움
과자 마들렌, 한 번 만들어보세요.

1. 볼에 레몬껍질 간 것과 설탕을 섞는다(반죽 전체에 레몬향이 고루 퍼진다).

2. 버터를 냄비에 넣고, 약불에서 가끔씩 섞어주면서 녹인다.

3. 볼에 달걀을 넣고 거품기로 풀어준 다음, 소금을 섞는다.

4. 꿀을 섞어 반죽을 촉촉하게 한다.

5. 바닐라에센스를 넣는다.

6. 1에 박력분과 베이킹파우더를 넣고, 주걱으로 골고루 섞어준다.

7. 5의 달걀물을 조금씩 넣으며 광택이 날 때까지 거품기로 충분히 섞는다.

8. 녹인 버터를 3회에 걸쳐 넣으며 섞는다.

9. 랩으로 싼 후 실온에서 1시간 정도 두었다가 냉장고에서 하룻밤 재운다 (이렇게 하면 농도가 증가해 거품기로 올리면 리본 상태로 떨어져 쌓이고, 그 자국이 남는 상태가 된다).

10. 반죽을 굽기 전에 마들렌틀을 준비한다. 부드러운 상태의 버터(틀에 바르는 용도)를 붓으로 틀에 발라준다. 버터가 하얗게 보일 정도로 균일하고 두껍게 발라졌다면 틀을 냉장고에 넣는다.

11. 냉장고에서 반죽을 꺼내 주걱으로 섞은 후 짤주머니에 넣는다. 반죽을 하룻밤 재우면 수분이 충분히 섞여 풍미가 한층 더 증가한다. 단, 하루 이상 재우면 팽창이 약해질 수 있다.

12. 틀에 반죽을 80% 정도 짠다.

13. 미리 180℃로 예열한 오븐에서 20~25분 정도 굽는다.

14. 굽는 도중에 팬 위치를 반대로 바꾼다. 색을 보면서 잘 구워진 것부터 순서대로 꺼낸다(레몬향을 살리기 위해 너무 오래 굽지 않도록 주의한다).

15. 마들렌이 다 구워지면 유산지를 올린 식힘망에 줄무늬가 있는 쪽이 위를 향하도록 둔 채 식힌다.

콘 스콘

난이도 : ★
분량 : 지름 7~7.5cm 원형 약 6개
재료 : 박력분 300g, 베이킹파우더 4g, 설탕 40~45g, 소금 2g, 옥수수가루 20g,
　　　무염 버터 100g, 우유 100g, 달걀 1개
도구 : 스크래퍼, 지름 6cm 원형 쿠키커터, 테프론시트지

Comment :

어디선가 먹어본 친근한 맛의 스콘입
니다. 그냥 먹어도 바삭바삭하고 담백
해서 괜찮지만, 뜨거울 때 딸기잼이나
버터를 발라서 먹으면 더욱 맛있습니
다.

만드는 방법

1. 박력분과 베이킹파우더, 설탕, 소금, 옥수수가루를 넓은 볼에 담는다. 대충 섞어서 약 2~3회 정도 체친다.

2. 냉장고에서 금방 꺼낸 단단한 버터를 0.5cm 정도의 크기로 잘라서 볼에 넣는다.

3. 스크래퍼로 버터를 잘게 자르면서 가루분과 섞는다.

4. 차가운 상태의 우유와 달걀을 비커에 담고 섞은 다음, 조금씩 부으면서 섞는다.

5. 스크래퍼로 자르듯이 섞어서 소보로처럼 부슬부슬하게 만든다.

6. 스크래퍼로 모아 반죽을 한 덩어리로 만든다.

7. 반죽이 두께 2cm 정도가 되도록 손으로 살짝 누른다.

8. 지름 6cm 정도 원형 쿠키커터로 찍는다(커터가 없으면 칼이나 스크래퍼로 네모 또는 세모 모양으로 잘라도 좋다).

9. 테프론시트지를 깐 오븐팬에 간격을 두고 올린다.

10. 미리 170~180℃로 예열한 오븐에서 노릇노릇해질 때까지 25~30분 정도 구워준다.

비에누아 쿠키

난이도 : ★★
분량 : 지름 9~10cm 약 13~14개
재료 : 무염 버터 150g, 분당 60g, 소금 한 꼬집, 바닐라빈 1개, 달걀흰자 24g, 박력분 177g
녹차맛 : 녹차(말차)가루 7g
초코맛 : 코코아가루 25g
도구 : 7발 별모양깍지, 짤주머니, 테프론시트지, 핸드믹서기, 주걱

준비하기

1. 버터와 달걀은 미리 냉장고에서 꺼내 30분~1시간 정도 실온에 두어 차가운 기를 없앤다. 만들기 직전에 달걀 흰자와 달걀 노른자를 분리하여 달걀 흰자만 계량해서 사용한다.

2. 박력분은 미리 2~3회 체친다.

3. 녹차맛은 녹차가루를 첨가하여 박력분과 섞어서 넣어주면 된다.

4. 초코맛은 코코아가루를 첨가하여 박력분과 섞어서 넣어주면 된다.

5. 7발 별모양깍지(앞지름 약 1cm)를 짤주머니에 끼워 둔다.

Comment :

기본 비에누아 반죽에 녹차가루를 넣으면 녹차 비에누아, 코코아가루를 넣으면 코코아 비에누아를 만들 수 있습니다. 3종류를 같이 만들어서 버터 풍미가 좋은 쿠키 3종을 선물해보세요. 짜는 모양은 원형으로 또는 스틱형으로 짜주어도 좋습니다.

만드는 방법

1. 볼에 버터를 넣고 핸드믹서기로 풀어 준 다음 분당과 소금을 넣고 섞는다.

2. 주걱으로 볼 벽에 붙어 있는 반죽과 분당을 잘 섞어 정리한다.

3. 바닐라빈(32쪽 참고)을 반으로 갈라 칼등으로 씨앗을 살살 긁어 넣고 섞는다.

4. 흰자를 조금씩 넣으면서 섞는다.

5-1. 박력분을 넣고 주걱으로 공기가 없도록 바닥을 긁듯이 섞는다.

5-2. 녹차맛을 만들 경우 박력분, 녹차 가루를 미리 섞어서 체에 내린 다음 섞는다.

5-3. 초코맛을 만들 경우 박력분, 코코아가루를 미리 섞어서 체에 내린 다음 섞는다.

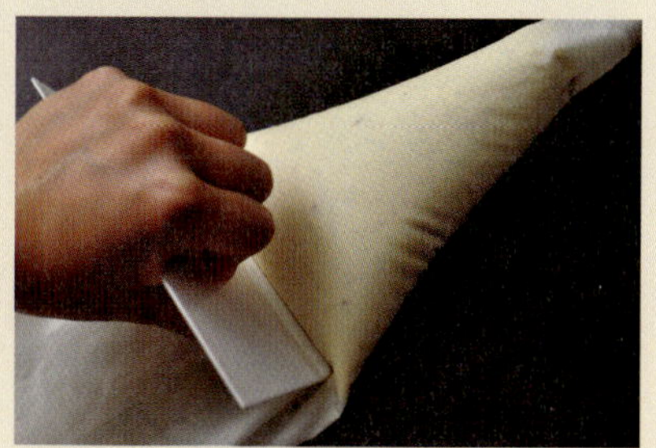

6. 7발 별모양깍지를 끼운 짤주머니에 반죽을 넣고 스크래퍼를 반대로 잡고 반죽을 끝으로 모아준다.

7. 테프론시트지를 깐 오븐팬에 짤주머 니로 반죽을 세로 9cm 정도로 꼬불 꼬불하게 빈틈이 없도록 짜준다.

8-1. 미리 170℃에서 예열한 오븐에서 15~20분 정도 굽는다. 구운 색을 보면서 굽는 중간에 팬 위치를 반대로 바꾸어 준다.

8-2. 녹차 비에누아를 구울 경우에도 마찬가지로 짜서 굽는다.

8-3. 초코 비에누아를 구울 경우에도 마찬가지로 짜서 굽는다.

8-4. 꼬불꼬불하게 짜는 것 이외에 선물해줄 사람의 이름을 써도 좋다.

인절미 쿠키

난이도 : ★
분량 : 지름 약 3.5cm 42개분
재료 : 무염 버터 120g, 박력분 45g, 머스코바도 설탕 80g, 소금 2g, 아몬드가루 45g,
　　　볶은 콩가루 85g, 슬라이스아몬드 50g
장식 : 볶은 콩가루 적당량
도구 : 스크래퍼, 랩, 테프론시트지

준비하기

1. 머스코바도 설탕은 비정제 설탕이
   므로 곱게 갈아서 사용한다(일반
   설탕으로 대체 가능).

Comment :

볶은 콩가루는 방앗간에서 팔고 있습니
다. 콩가루가 들어가서 아주 고소하고
바삭바삭한 쿠키입니다. 콩가루 묻히는
작업은 먹기 직전에 하면 좋습니다.

1. 박력분, 머스코바도 설탕, 소금, 아몬드가루, 볶은 콩가루는 넓은 볼에 담는다. 대충 섞어서 약 2~3회 정도 체친다.

2. 냉장고에서 금방 꺼낸 단단한 버터를 0.5cm 정도의 크기로 칼로 작게 잘라 볼에 넣는다. 스크래퍼로 버터를 잘게 자르면서 가루분과 섞는다.

3. 가루분과 버터가 고루 섞이도록 스크래퍼로 자르듯이 꼼꼼하게 섞는다.

4. 잘 섞어 보슬보슬한 상태로 만든다.

5. 슬라이스아몬드를 넣고 스크래퍼로 섞는다.

6. 손으로 반죽을 뭉쳐준다.

7. 한 덩어리로 만든다.

8. 반죽을 랩으로 감싸서 냉장고에서 약 30분~1시간 정도 휴지시킨다.

9. 10g씩 분할해서 손바닥으로 굴려 동그랗게 만든다. 테프론시트지를 깐 오븐팬에 적당한 간격을 두고 나열한다.

10. 미리 170℃로 예열한 오븐에서 노릇노릇해질 때까지 20~25분 정도 구워준다. 완성되면 식힘망에 올려 완전히 식힌다.

11. 볶은 콩가루(장식용) 적당량을 봉지에 담고 쿠키를 넣는다. 봉지 입구를 봉해서 흔들어 콩가루를 듬뿍 묻힌다.

에담치즈 쿠키
(바통 프로마쥬)

난이도 : ★★
분량 : 지름 8cm 약 70개
재료 : 무염 버터 120g, 분당 113g, 우유 100g, 박력분 200g,
　　　에담치즈 간 것(속재료용) 46g, 에담치즈 간 것(장식용) 46g
도구 : 지름 2.2cm 바구니 빗살깍지, 핸드믹서기, 유산지, 치즈강판, 짤주머니, 주걱

재료 소개

에담치즈란?
네덜란드산 치즈로 북쪽의 에담 항
구의 이름을 따서 붙였다. 부드럽고
짠맛이 있으며 지방 함량이 낮은
것이 특징이다. 수출할 때 보존을
용이하게 하고, 사람들의 시선을 사
로잡기 위해 빨간색으로 왁스 코팅
한다. 17주 이상 숙성시킨 제품은
검정색으로 코팅하기도 한다.

Comment :
굽는 내내 치즈 향이 향긋하게 퍼지는
에담치즈 쿠키는 바통 프로마쥬라고
부르기도 해요. 바삭바삭하고 달콤한
치즈 쿠키라 아이와 어른 모두 좋아해
온 가족이 가볍게 즐기기 좋은 간식이
랍니다.

1. 박력분을 2~3회 체친다.

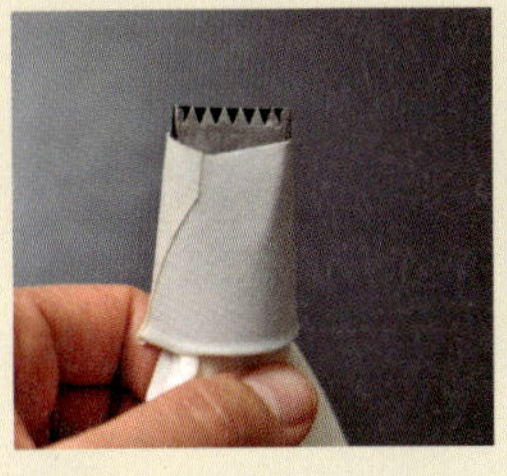 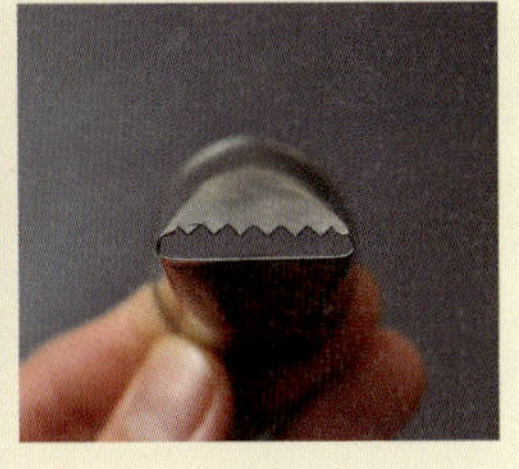

2. 짤주머니에 지름 2.2cm 바구니 빗살깍지를 끼운다.

3. 버터를 미리 냉장고에서 꺼내 30분~1시간 정도 실온에 두어 차가운 기를 없앤다.

4. 우유를 전자레인지에 넣고 사람 체온 정도로 데운다.

5. 오븐팬에 식용유 혹은 버터(분량 외)를 발라 유산지를 고 정시킨다.

만드는 방법

1. 속재료용과 장식용 에담치즈를 강판으로 각각의 분량만큼 갈아둔다.

2. 버터를 볼에 넣고 핸드믹서기로 풀어 준 다음 분당을 넣고 주걱으로 섞는다.

3. 분당이 보이지 않을 만큼 섞이면 핸 드믹서기로 바꾸어 섞는다.

4. 볼 벽에 붙은 반죽을 주걱으로 모아 서 한 덩어리로 만든다.

5. 에담치즈 간 것(속재료용)을 넣고 섞 는다.

6. 사람 체온 정도로 데운 우유를 조금씩 부으면서 핸드믹서기로 섞는다.

7. 핸드믹서기 날에 묻은 반죽도 손으로 떼어 본 반죽과 섞어준다.

8. 박력분을 넣고 가루분이 보이지 않을 정도만 섞은 후, 깍지를 끼운 짤주머니에 반죽을 담는다.

9. 유산지를 깐 오븐팬에 적당한 간격을 두고 막대모양으로 약 8cm 정도씩 짠다.

10. 튀어나온 반죽을 손끝으로 눌러 다듬는다.

11. 에담치즈 간 것(장식용)을 반죽 위에 뿌린다.

12. 미리 160℃로 예열한 오븐에서 30~35분 정도 굽는다.

13. 굽는 도중에 팬 위치를 반대로 돌려 골고루 굽도록 한다(틈틈이 오븐을 확인하여 장식으로 올린 에담치즈가 타지 않도록 온도나 시간을 조절하는 것이 좋다).

피넛버터 쿠키

난이도 : ★★
분량 : 지름 8cm 약 14개
반죽 : 무염 버터 90g, 피넛버터 95g, 설탕 90g, 달걀 30g, 바닐라 엑스트랙트 적당량,
　　　 박력분 125g, 베이킹파우더 2g, 소금 한꼬집
장식 : 볶은 국산 땅콩 약 35g
도구 : 테프론시트지, 핸드믹서기, 주걱

준비하기

1. 박력분과 베이킹파우더, 소금은 섞어서 체 쳐둔다.

2. 버터과 피넛버터, 달걀은 미리 냉장고에서 꺼내 30분~1시간 정도 실온에 두어 차가운 기를 없앤다.

3. 볶은 땅콩(장식용)은 껍질을 까서 잘게 부숴 둔다.

Comment :

볶은 땅콩은 오래두면 눅눅하고 맛이 없어지니 맛있는 피넛쿠키를 만들기 위해서는 그때그때 조금씩 사서 사용하는 것이 좋습니다. 피넛버터 쿠키는 많이 퍼지는 편이니 꼭 간격을 넓게 띄워서 오븐팬에 놓고, 너무 오래 구우면 딱딱해지므로 주의합니다.

만드는 방법

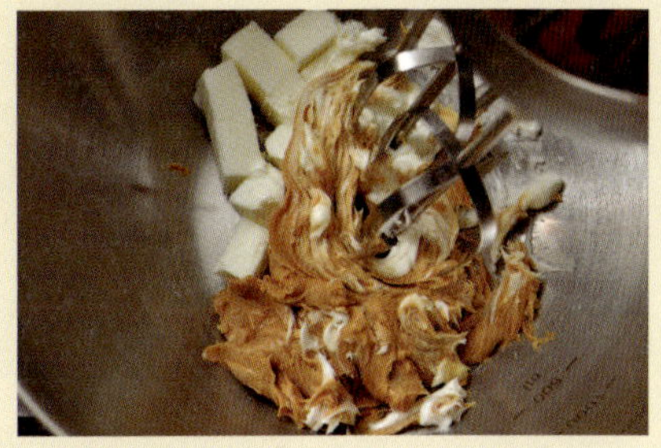

1. 볼에 버터, 피넛버터를 넣고 핸드믹서기로 푼다.

2. 설탕을 넣고 골고루 섞는다.

3. 멍울 푼 달걀을 조금씩 나누어 넣으며 섞는다. 바닐라 엑스트랙트도 넣는다.

4. 박력분과 베이킹파우더, 소금을 넣고 주걱으로 섞다가 한 덩어리로 만든다.

5. 반죽을 약 30g씩 분할해서 대충 동그랗게 굴린다.

6. 테프론시트지를 깐 오븐팬에 적당한 간격으로 나열하고, 손바닥으로 납작하게 살짝 누른다.

7. 구우면 약 1.5배 정도 부풀어 오르니 팬에 반죽을 놓을 때 일정하게 간격을 띄워서 놓는다.

8. 칼등으로 눌러 반죽에 격자 모양을 낸다.

9. 잘게 부숴 놓은 땅콩(장식용)을 듬뿍 올리고 살짝 누른다.

10. 미리 180℃로 예열한 오븐에서 15분 정도 굽는다. 구운 색을 보면서 굽는 중간에 팬 위치를 반대로 돌려준다.

11. 막 구워냈을 때는 말랑말랑하니, 바로 옮기지 말고 팬에 잠시 두어 한김 식혔다가 식힘망으로 옮긴다.

녹차 연유 쿠키

난이도 : ★★
분량 : 지름 5cm 약 21개
재료 : 무염 버터 80g, 설탕 50~60g, 연유 20g, 달걀노른자 1개, 박력분 125g,
　　　 아몬드가루 30g, 녹차가루 3g
도구 : 핸드믹서기, 종이호일, 테프론시트지, 주걱

준비하기

1. 버터, 달걀은 미리 냉장고에서 꺼내 30분~1시간 정도 실온에 두어 차가운 기를 없앤다.

2. 박력분, 아몬드가루, 녹차가루는 섞어서 2~3회 체에 내려 둔다.

Comment :

노릇노릇하게 굽는 것보다 녹차 특유의 색을 살리고 싶다면, 굽는 중간중간 오븐을 보아가면서 굽는 시간을 조절하세요. 굽는 시간을 짧게 하면 녹색의 예쁜 쿠키가 나옵니다. 반죽을 냉동하는 쿠키라, 냉동실에 보관해두었다가 필요할 때 잘라서 구우면 완성되니 편리합니다.

1. 볼에 버터를 넣고 핸드믹서기로 크림 상태로 잘 푼 후, 설탕과 연유를 넣고 골고루 섞는다.

2. 달걀노른자를 넣고 섞는다.

3. 박력분과 아몬드가루, 녹차가루를 넣고 주걱으로 가볍게 섞는다.

4. 종이호일에 반죽을 올린다.

5. 반죽을 굴려서 길쭉하게 한 덩어리로 뭉친다. 동글동글 굴려서 길다란 원통형으로 만든다.

6-1. 종이호일로 싸서 냉동실에 1시간 정도 넣어 단단하게 굳힌다. 동그란 모양을 잡는 것에 자신이 없다면, 네모 모양으로 만들어도 된다.

6-2. 냉동실에 넣고 약 5~10분 정도 지나서 조금 단단해진 반죽을 꺼내어 굴려서 다시 원형 모양을 잡아도 좋다(처음보다 단단해져서 모양잡기 좋으므로).

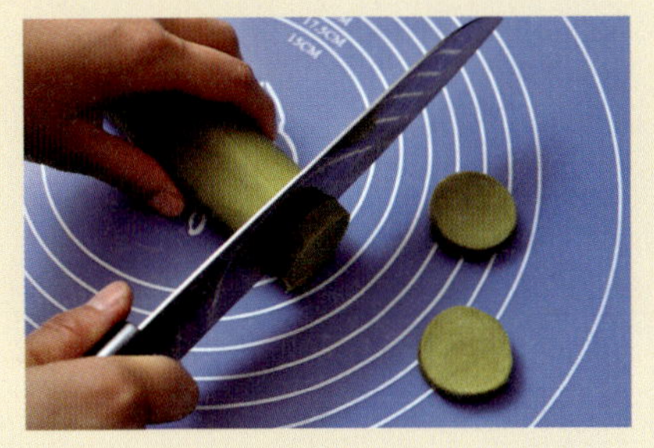  

7. 단단해진 반죽을 꺼내어 칼로 약 1cm 두께로 썰어준다. 냉동했다가 바로 자르려고 하면 너무 단단해서 썰기가 힘들므로, 반죽을 냉동실에서 꺼내 실온에 잠시 둔다. 끝 부분을 한번 잘라보아 힘을 주어 자를 수 있을 정도로 조금 녹으면 두께가 얇은 칼의 끝과 손잡이를 잡고 자른다.

8. 자를 때 바닥 부분이 약간 눌리면서 부서질 수도 있는데 손으로 가장자리를 조금씩 만져주면 예쁜 모양의 쿠키를 만들 수 있다.

9. 테프론시트지를 깐 오븐팬에 적당한 간격을 두어 올린다.

10. 미리 170~180℃로 예열한 오븐에 넣어 약 15~20분 정도 구워준다.

더블 초콜릿 쿠키

난이도 : ★★
분량 : 지름 8~9cm 11개분
재료 : 다크초콜릿 90g, 무염 버터 50g, 머스코바도 설탕 70g, 소금 한꼬집, 달걀 1개,
　　　바닐라 엑스트랙트 몇 방울, 중력분 40g, 코코아가루 20g, 베이킹파우더 3g,
　　　호두 분태 40g, 청크초콜릿(초코칩) 80g
도구 : 저울, 주걱, 거품기, 랩, 테프론시트지

준비하기

1. 호두 분태는 전처리한다(호두 전처리 34쪽 참고).

2. 다크초콜릿이 크다면 중탕하기 좋도록 칼로 잘게 다져 둡니다.

3. 버터, 달걀은 미리 냉장고에서 꺼내 30분~1시간 정도 실온에 두어 차가운 기를 없앤다.

4. 중력분, 코코아가루, 베이킹파우더는 섞어 2~3회 체에 내려 둡니다.

5. 머스코바드 설탕은 비정제 설탕이므로 사용하기 전에 믹서에 곱게 갈아 사용한다(일반 설탕으로 대체 가능).

Comment :

밀가루가 많이 들어가지 않고 초콜릿이 많이 들어가서 바삭바삭하면서도 쫀득쫀득한, 초콜릿의 진한 맛을 느낄 수 있는 쿠키입니다. 오븐에서 나온 쿠키를 팬에서 바로 분리하려고 하면 모양이 망가질 수 있으니 잠시 그냥 두는 것이 좋습니다.

1. 볼에 다크초콜릿과 버터를 담고 중탕으로 녹인 다음 머스코바도 설탕과 소금을 넣고 거품기로 골고루 섞는다.

2. 달걀의 멍울을 풀고 잘 섞이도록 조금씩 넣어가며 거품기로 섞는다. 바닐라 엑스트랙트도 몇 방울 넣어 준다.

3. 중력분과 코코아가루, 베이킹파우더를 넣고 가볍게 섞는다.

4. 호두 분태와 청크초콜릿을 넣고 섞는다.

5. 볼에 랩을 씌워 30분 이상 냉장고에 넣어 휴지시킨다.

6. 휴지가 끝난 반죽은 40g씩 분할한다.

7. 분할한 반죽을 동글동글 둥글려서 테프론시트지를 깐 오븐팬에 적당한 간격을 두고 나열한다.

8. 반죽을 손바닥으로 적당히 눌러 납작한 모양을 만든다.

9. 미리 180℃로 예열한 오븐에서 10~12분 정도 구우면 완성이다.

10. 오븐에서 금방 꺼낸 쿠키는 몇 분가량 팬 위에 그대로 둔 채 한김 식혀 준다. 뜨거운 쿠키를 팬에서 바로 분리하려고 하면 모양이 망가질 수 있으니 잠시 그냥 두는 것이 좋다. 한김 식힌 다음 식힘망에 올려 완전히 식힌다.

커피 쿠키

난이도 : ★★
분량 : 지름 약 4.5cm 원형쿠키 약 30~35개분
재료 : 무염 버터 90g, 머스코바도 설탕 90g, 소금 한꼬집, 달걀 1개,
　　　바닐라 엑스트랙트 조금, 박력분 250g, 아몬드가루 30g, 베이킹파우더 1g,
　　　다크초콜릿(제과용) 50g
커피물 : 인스턴트 커피가루 5g, 뜨거운 물 2작은술
도구 : 핸드믹서기, 주걱, 종이호일, 테프론시트지

준비하기

1. 버터, 달걀은 미리 냉장고에서 꺼내 30분~1시간 정도 실온에 두어 차가운 기를 없앤다.

2. 박력분, 아몬드가루, 베이킹파우더는 섞어서 2~3회 체에 내린다.

3. 머스코바도 설탕은 비정제 설탕이므로 곱게 갈아서 사용한다(일반 설탕으로 대체 가능).

4. 다크초콜릿은 칼로 곱게 잘게 다진다(초콜릿은 판형이나 코인형이나 상관없이 잘게 잘라서 쓰면 된다).

Comment :

커피향이 솔솔 나는 커피 쿠키입니다. 인스턴트 커피가루를 녹여서 커피 풍미가 가득하고 바삭바삭한 쿠키를 만들어 보세요.

1. 인스턴트 커피가루(프림 제외)에 뜨거운 물을 섞어 커피물을 만든다. 커피가루가 잘 안 녹을 경우 전자레인지에 몇 초간 돌려 확실히 녹인다.

2. 볼에 버터를 넣고 거품기나 핸드믹서기를 이용해서 크림상태로 잘 푼 다음 머스코바도 설탕과 소금을 넣고 골고루 섞는다.

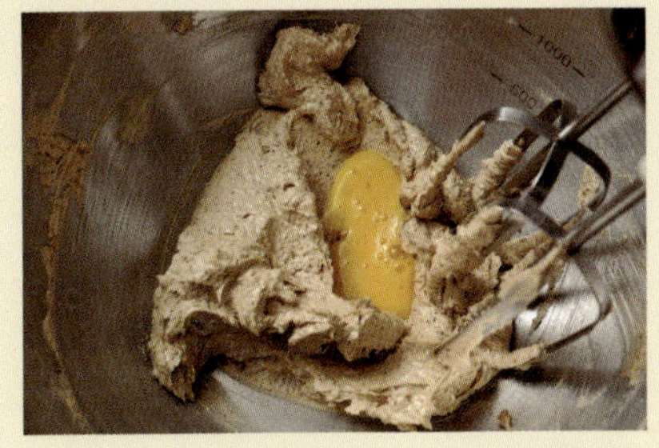  

3. 멍울 푼 달걀을 아주 조금씩 넣어 가며 분리되지 않도록 핸드믹서기로 힘차게 섞는다. 바닐라 엑스트랙트도 넣고 섞는다.

4. 미리 만들어 둔 커피물을 넣고 핸드믹서기로 골고루 섞는다.

5. 박력분, 아몬드가루, 베이킹파우더를 넣고 주걱으로 가볍게 섞는다.

6. 미리 잘게 다져 둔 다크초콜릿을 넣고 주걱으로 골고루 섞는다.

7. 종이호일에 반죽을 올린다.

8. 반죽을 길쭉하게 한 덩어리로 뭉쳐준
다. 동글동글 굴려 기다란 원통형으
로 만든다.

9. 원형으로 반죽 모양을 잡아 종이호일로 싸서 냉동실에 1시간 정도 넣어 단단하게
굳힌다. 동그란 모양 잡는 것에 자신이 없다면 네모 모양으로 만들어도 된다.

10. 단단해진 반죽을 꺼내어 칼로 약
1cm 두께로 썰어준다. 냉동했다가
바로 자르려고 하면 너무 단단해서
썰기가 힘들므로, 반죽을 냉동실에
서 꺼내 실온에 잠시 둔다. 끝 부분
을 한번 잘라보아 힘을 주어 자를
수 있을 정도로 조금 녹으면 두께
가 얇은 칼의 끝과 손잡이를 잡고
자른다.

11. 바닥 부분은 자를 때 눌리면서 약간
부서질 수도 있는데 손으로 가장자
리를 조금씩 만져주면 예쁜 모양의
쿠키를 만들 수 있다.

12. 테프론시트지를 깐 오븐팬에 적당
한 간격을 두어 올린다.

13. 미리 170~180℃로 예열한 오븐에
넣어 약 15~20분 정도 구워준다.

갈레트 오 쇼콜라

난이도 : ★★
분량 : 타원 모양 8cm×5cm(가로×세로) 약 18개(크기에 따라 다를 수 있음)
재료 : 무염 버터 165g, 분당 94g, 소금 1g, 달걀노른자 2개, 박력분 150g,
　　　 베이킹파우더 2g, 코코아가루 60g, 다크초콜릿 30g
장식 : 달걀노른자 1개, 물 적당량
도구 : 타원형 쿠키커터(8cm×5cm), 핸드믹서기, 밀대, 포크, 주걱

준비하기

1. 버터는 미리 냉장고에서 꺼내 30분~1시간 정도 실온에 두어 차가운 기를 없앤다.

2. 달걀노른자(반죽용)는 랩을 씌워 실온에 30분~1시간 정도 두어 차가운 기를 없앤다.

3. 달걀노른자(장식용)를 물과 섞어 랩을 씌워 사용직전까지 냉장고에 보관하여 차가운 상태를 유지한다.

4. 박력분, 베이킹파우더, 코코아가루는 섞어서 2~3회 체친다.

Comment :

납작하고 둥근 모양을 가진 갈레트 브레통은 프랑스 브르타뉴 지방에서 전해 내려오는 과자예요. 바삭바삭하고 달콤한 초콜릿 맛을 즐길 수 있어 일년 내내 사랑받는 쿠키랍니다.

"

1. 볼에 버터를 넣고 핸드믹서기로 풀어 준 후, 분당과 소금을 2~3회로 나누어 넣으며 천천히 섞는다(작업 도중에 볼 벽에 붙어있는 반죽을 주걱으로 쓸어서 한 덩어리로 정리해 겉돌지 않도록 한다).

2. 달걀노른자를 1개씩 넣으며 핸드믹서기로 섞는다.

3. 다크초콜릿을 중탕으로 녹여 반죽에 골고루 섞는다.

4. 박력분, 베이킹파우더, 코코아가루를 넣고 주걱으로 가볍게 젓는다.

5. 비닐로 밀봉한 상태로 냉장고에서 3시간 정도 휴지시킨다.

6. 반죽을 밀대로 밀어 약 1cm 두께로 펴 준다(냉장고에서 꺼낸 직후의 반죽은 단단하므로 실온에 잠시 두었다가 작업한다).

7. 쿠키커터에 강력분(분량 외)을 묻혔다가, 바닥에 탁탁 두들겨서 강력분을 털고 반죽에 찍으면 깔끔하게 떨어진다(남은 자투리반죽을 다시 뭉쳐 비닐에 밀봉해 냉장고에 30분 이상 넣어두면, 반죽이 단단해져 다시 사용할 수 있다).

8. 유산지 혹은 테프론시트지를 오븐팬에 깔고, 적당한 간격으로 나열한다(커터 대신 비슷한 크기의 컵으로 반죽을 찍어, 머핀틀이나 갈레트컵에 넣고 구워도 된다).

9. 표면에 냉장보관한 달걀물(장식용)을 붓으로 조심스럽게 바른 후 냉장고에서 20분 정도 건조시킨다. 이 과정을 2회 반복하면 색을 더욱 선명하게 낼 수 있다.

10. 반죽 표면을 포크로 살짝 그어 모양을 낸다.

11. 각 반죽마다 커터를 씌운다(틀을 사용하지 않으면 쿠키가 옆으로 퍼져 모양이 예쁘게 나오지 않는다).

12. 미리 160~170℃로 예열한 오븐에서 25~30분 정도 굽는다.

13. 다 구워지면 오븐에서 꺼내 잠시 두었다가 커터를 분리하고 식힘망에 올려 완전히 식힌다.

바닐라 마카롱

난이도 : ★★★★★
분량 : 지름 4~4.5cm 약 코크 약 50개분 - 약 25개 마카롱
반죽재료 : 설탕A 20g, 난백가루 1g, 달걀 흰자 100g, 설탕B 22g, 아몬드가루 105g,
　　　　　분당 168g, 바닐라빈 1/2개
도구 : 지름 1cm 원형깍지, 짤주머니, 핸드믹서기, 유산지, 테프론시트지

재료 소개

난백가루(건조흰자)

흰자를 건조시켜 가루상태로 만든 것으로 단단하고 안정된 머랭을 만들 때 사용되는 가루입니다. 특히 덥고 습한 여름에는 흰자에 수분이 많기 때문에 난백가루를 넣고 마카롱을 만들면 실패율을 줄일 수 있습니다.

Comment :

색소를 사용하지 않고 필링으로 사용되는 앙글레즈 소스와 버터를 섞어서 만든 크림으로 다소 심플하지만 기본이 된다고 생각하는 바닐라 마카롱입니다. 마카롱을 처음으로 시작하는 분들이 도전하기에 좋은 마카롱입니다. 마카롱이 만들어지는 원리를 경험과 시행착오를 통해서 익혀 자기만의 마카롱을 만들어 보세요.

1. 지름 1cm 원형깍지를 짤주머니에 끼워 둔다.

2. 아몬드가루, 분당, 바닐라빈 씨앗은 섞어서 한 번 정도 가볍게 체에 내린다(바닐라빈은 반으로 잘라 칼등으로 씨앗을 살살 긁어서 사용).

3. 노른자와 분리한 흰자는 거품기로 휘저어 부드럽게 풀어주고 거품과 알끈을 제거한다. 하루 이틀 정도 냉장고에 보관해 점성을 낮추어서 사용한다.

4. 유산지를 오븐팬 크기로 자른다. 적당한 간격을 띄우고 지름 3.5~4cm의 원을 그린다(원형 쿠키커터 등을 이용). 오븐팬 위에 올리고 테프론시트지를 깔아 준비해둔다.

5. 바닐라 크림(바닐라 크림 68쪽 참고)을 만들어 둔다.

6. 설탕A 20g, 난백가루는 함께 계량한다. 설탕B 22g은 따로 계량한다.

만드는 방법

1. 기름기나 물기 없는 깨끗한 볼에 달걀 흰자를 넣고 풀어주는 정도로 거품을 낸다. 설탕A 20g과 난백가루를 넣고 핸드믹서기 중속으로 거품을 낸다.

2. 볼을 뒤집었을 때 머랭이 떨어지지 않는 정도로 단단하게 거품을 낸다.

3. 핸드믹서기를 멈추고 설탕B 22g을 넣고 섞은 다음 중속으로 돌려 단단하게 거품을 낸다.

4. 촘촘하고 뿔이 설 정도로 단단한 머랭을 만든다.

5. 아몬드가루, 분당, 바닐라빈 씨앗을 3회 정도로 나눠 넣어주면서 주걱으로 자르듯이 섞어준다.

6. 가루가 안 보일 정도로 섞였다면 볼의 옆면에 반죽을 바른다는 느낌으로 주걱으로 붙이면서 볼을 돌린다. 이 작업을 2회 정도 반복한다(마카로나주 작업 : 가루분 재료와 머랭을 잘 섞으면서 적당히 머랭을 사그라뜨리는 과정).

7. 윤기가 흐르고, 주걱으로 들어 올렸을 때 한 줄로 흘러내린 반죽이 끊어지지 않고 볼 바닥에 선명하게 겹겹이 떨어지고 서서히 사라지는 상태로 만든다.

8. 지름 1cm 원형깍지를 끼운 짤주머니에 반죽을 넣는다.

9. 원을 그린 유산지와 테프론시트지를 깔아 둔 오븐팬에 원의 크기에 맞게 반죽을 짜준다.

10. 원을 그린 유산지를 빼고 오븐팬 바닥을 손으로 탁탁 쳐서 짜놓은 반죽을 고르게 해준다(반죽을 짤 때 생긴 뿔 모양은 사라지도록 한다).

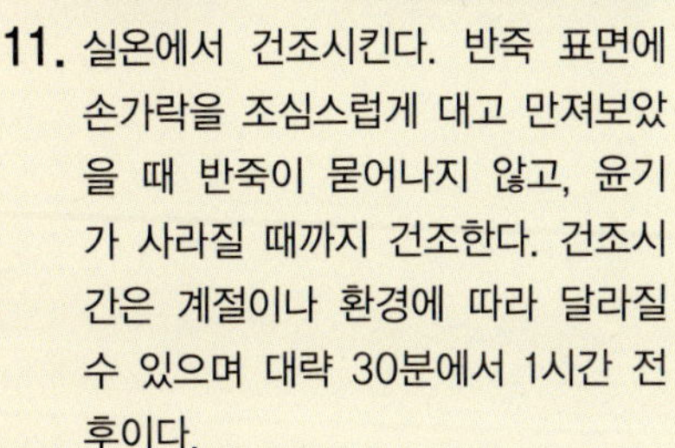

11. 실온에서 건조시킨다. 반죽 표면에 손가락을 조심스럽게 대고 만져보았을 때 반죽이 묻어나지 않고, 윤기가 사라질 때까지 건조한다. 건조시간은 계절이나 환경에 따라 달라질 수 있으며 대략 30분에서 1시간 전후이다.

12. 오븐 예열은 20분 이상 해둔다. 약 140℃에 3분 정도 구워 피에가 생성되면 오븐 문을 살짝 열어 뜨거운 열기를 조금 빼고 약 100~110℃로 내려서 25~30분 정도 굽는다. 오븐 문을 열어 코크 윗면을 잡고 양옆으로 살짝 흔들어 보았을 때 흔들리지 않는 상태가 되면 굽는 것을 완료한다. 표면은 단단하지만, 속이 덜 익었다면 2~3분 정도 더 굽는다. 굽는 온도는 오븐 특성에 따라 달라질 수 있으며, 본 책에서 바닐라 마카롱의 컨벡션 오븐의 온도 기준이다. 보통 140~150℃의 오븐에서 12~13분 정도 구워내는 방법을 기본으로 하고 있지만, 상황에 따라 오븐의 특성에 따라서 오븐 온도와 굽는 시간을 적절하게 조절하는 것이 좋다.

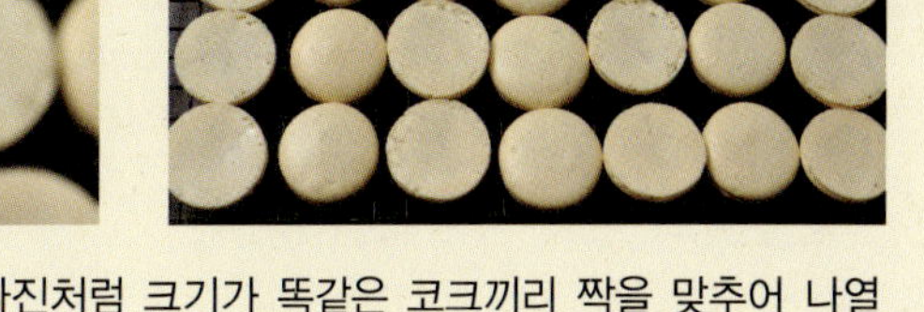

13. 오븐에서 꺼낸 코크는 바로 분리하지 않고 시트째 식힘망 위에 올려 그대로 식힌다. 충분히 식으면 조심스럽게 떼어낸다. 잘 구워졌으면 시트에 반죽이 묻어있지 않고 깨끗하게 분리되며 겉은 바삭하고 속은 촉촉하고 부드러운 상태가 된다.

14. 코크를 식힘망에서 식힐 때 사진처럼 크기가 똑같은 코크끼리 짝을 맞추어 나열한다.

15. 바닐라 크림을 지름 1cm 원형깍지를 끼운 짤주머니에 담는다. 냉장고에서 많이 단단해졌다면 실온에 잠시 둬서 짜기 좋은 상태로 만든다. 너무 물러지면 오히려 취급하기 어려워지니 자주 상태를 체크한다.

16. 코크 위에 움직이지 않고 그대로 볼록하게 짜준 다음, 같은 크기의 코크를 덮어준다.

17. 양손으로 코크를 잡고 코크 가장자리까지 크림이 채워지도록 가볍게 눌러준다. 너무 눌러 크림이 코크 밖으로 삐져나가지 않도록 한다. 크림을 채운 마카롱은 바로 먹는 것이 아니라 냉장고에서 하루 정도 밀폐용기에 넣어 숙성시켜서 먹는다. 코크에 크림이 적절하게 스며들어 잘 어우러져야 맛있다.

Part 4.

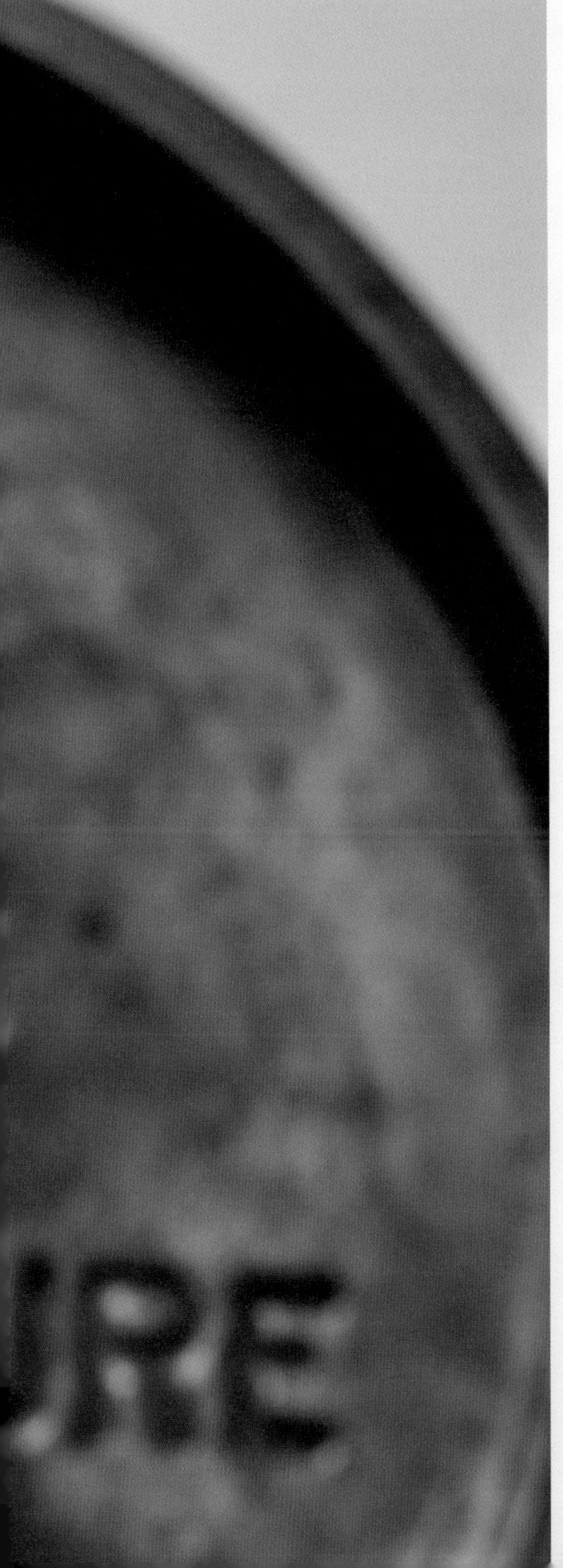

절대 실패하지 않는 머핀과 파운드케이크

아메리칸 초코칩 머핀

난이도 : ★★
분량 : 머핀형 11개
재료 : 무염 버터 180g, 설탕 190g, 소금 1g, 달걀 150g, 우유 64g, 박력분 245g,
　　　베이킹파우더 6g, 베이킹소다 1g, 초코칩 136g, 초코칩(장식용) 약 50g
도구 : 머핀틀, 유산지컵, 핸드믹서기, 중탕볼, 거품기, 짤주머니

준비하기

1. 머핀틀에 유산지컵을 깔아 둔다.

2. 버터, 달걀, 우유는 미리 냉장고에서 꺼내 30분~1시간 정도 실온에 두어 차가운 기를 없앤다.

3. 박력분, 베이킹파우더, 베이킹소다를 섞어서 2~3회 정도 체 쳐둔다.

Comment :

처음 머핀을 만들 때 사용하면 좋은 착한 레시피예요. 골고루 잘 섞기만 하면 맛있는 머핀이 만들어 집니다. 보기보다 가벼운 식감으로 입안에서 부드럽게 퍼지며 초코칩의 달콤한 맛이 매력적입니다.

1. 볼에 버터를 넣고 거품기로 풀어 준 다음 설탕과 소금을 넣고 뽀얗게 될 때까지 핸드믹서기로 균일하게 섞는다.

2. 볼 벽에 묻은 반죽은 주걱으로 본 반죽과 모아서 잘 섞는다.

3. 멍울 푼 달걀을 여러 번 나눠 조금씩 넣으며 핸드믹서기 중속으로 섞는다.

4. 박력분, 베이킹파우더, 베이킹소다를 넣고 섞는다.

5. 우유를 조금씩 넣으며 주걱으로 섞는다.

6. 초코칩 136g을 넣고 섞는다.

7. 반죽을 짤주머니에 넣고 머핀틀에 90% 정도 짜준다. 틀 바닥을 손바닥으로 탁탁 쳐서 반죽이 고르게 퍼지도록 한다.

8. 초코칩(장식용)을 반죽 위에 듬뿍 올려 장식한다.

9. 미리 170~180℃로 예열한 오븐에서 30~35분 정도 굽는다(20분 정도 굽다가 틀을 반대로 돌려 머핀색이 고르게 나도록 한다). 뜨거울 때 틀에서 분리하면 머핀이 찌그러질 수 있으므로 한 김 식힌 후 틀에서 분리하고 식힘망에 올려 완전히 식힌다.

흑임자 머핀

난이도 : ★★
분량 : 머핀형 9개
재료 : 무염 버터 118g, 분당 110g, 아몬드가루 60g, 곱게 부순 흑임자 50g,
        달걀 25g, 달걀노른자 43g, 박력분 43g, 호밀가루 43g
머랭 : 달걀흰자 75g, 설탕 28g
도구 : 머핀틀, 핸드믹서기, 유산지컵, 짤주머니

준비하기

1. 머핀틀에 유산지컵을 깔아 둔다.

2. 버터, 달걀은 미리 냉장고에서 꺼내 30분~1시간 정도 실온에 두어 차가운 기를 없앤다.

3. 달걀과 달걀노른자를 섞어 계량한다.

4. 박력분과 호밀가루는 섞어서 2~3회 정도 미리 체친다.

5. 분당과 아몬드가루를 섞어 2~3회 정도 미리 체친다.

6. 흑임자는 곱게 부순 다음 체친 분당과 아몬드가루에 대충 섞는다.

Comment :

검정의 진한 색과는 반대로 부드러운 머핀입니다. 흑임자의 고소한 향과 맛이 매력으로, 입안에서 톡톡 씹히는 느낌도 재미있습니다.

1. 볼에 버터를 넣고 핸드믹서기 저속으로 섞어 부드러운 상태로 만든다. 섞어둔 분당과 아몬드가루, 흑임자를 넣고 주걱으로 섞는다.

2. 섞어둔 달걀과 달걀노른자를 조금씩 넣으며 핸드믹서기로 섞는다.

3. 볼 벽에 붙은 반죽을 주걱으로 긁어 본 반죽에 섞고 매끈하게 만든다.

4. 다른 볼에 달걀흰자를 넣고 핸드믹서기 중속으로 큰 거품이 일때까지 풀어준다.

5. 설탕을 조금씩 넣으며 섞고 거품기를 들어 올렸을 때 뿔이 서는 정도로 머랭을 만든다.

6. 머랭을 반죽에 넣는다.

7. 박력분과 호밀가루를 넣고 주걱으로 바닥에서 끌어올리듯이 섞는다.

8. 반죽을 짤주머니에 넣고 머핀틀에 70~80% 정도 짜준다. 틀 바닥을 손바닥으로 탁탁 쳐서 반죽이 고르게 퍼지도록 한다.

9. 미리 170℃로 예열한 오븐에서 30 분 정도 구워준다(20분 정도 굽다가 틀을 반대로 돌려 머핀색이 고르게 나도록 한다).

바나나 이보아르 초콜릿 머핀

분량 : 머핀형 약 14개
재료 : 무염 버터 150g, 분당 190g, 달걀 175g, 화이트 초콜릿(이보아르) 163g,
　　　박력분 140g, 아몬드가루 160g, 베이킹파우더 2g, 바나나 225g, 장식용 바나나 적당량
도구 : 머핀틀, 유산지컵, 핸드믹서기, 짤주머니

준비하기

1. 머핀틀에 유산지컵을 깔아둔다.

2. 버터, 달걀은 미리 냉장고에서 꺼내 30분~1시간 정도 실온에 두어 차가운 기를 없앤다.

3. 박력분, 아몬드가루, 베이킹파우더는 섞어서 2~3회 정도 체 쳐둔다.

4. 바나나는 껍질을 벗긴 뒤 사용 직전에 으깬다(풍미를 위해 꼭 거뭇거뭇한 완숙 바나나를 사용).

5. 이보아르 화이트 초콜릿을 녹이기 좋도록 잘게 부순다.

만드는 방법

1. 볼에 버터를 넣고 핸드믹서기로 풀어 준 다음 분당을 넣고 저속으로 섞는다.

2. 작업 중간에 주걱으로 볼 벽에 붙어 있는 반죽을 정리해 본반죽과 골고루 섞어 한 덩어리로 만든다.

3. 멍울 푼 달걀을 여러 번 조금씩 나눠 넣으면서 핸드믹서기 중속으로 빠르게 섞는다.

4. 이보아르 화이트 초콜릿을 중탕으로 35℃의 온도로 녹이고 섞는다.

5. 적당히 부숴 놓은 바나나를 넣고 섞는다.

6. 체쳐 둔 박력분, 아몬드가루, 베이킹파우더를 넣고 주걱으로 섞는다.

7. 반죽을 짤주머니에 넣고 틀에 80% 정도 채운다. 틀 바닥을 손바닥으로 탁탁 쳐
   서 반죽이 고르게 퍼지도록 한다.

8. 장식용 바나나를 적당한 크기로 길쭉하게 잘라 반죽 위에 올린다.

9. 미리 170℃로 예열한 오븐에서 30~35분 정도 구워준다(노릇노릇하게 색이나면
   틀을 반대로 돌려 윗면색이 고르게 나도록 한다).

Comment :

껍질이 새까맣게 변한 완숙 바나나로 머
핀이나 파운드를 만들면, 향이 더 달콤
해지고 바나나의 풍미도 더 진해집니다.
누구나 좋아하는 이보아르 화이트 초콜
릿의 순수한 맛을 더한 달콤하고 부드러
운 머핀을 만들어 보세요.

단호박 마스카포네치즈 머핀

난이도 : ★★

분량 : 머핀형 10개
재료 : 무염 버터 125g, 설탕 130g, 꿀 15g, 마스카포네치즈 36g, 달걀 125g, 달걀노른자 32g, 박력분 143g, 아몬드가루 35g,
　　　 단호박가루 38g, 베이킹파우더 8g, 생크림 63g, 건포도(설타나) 100g, 럼주 25g, 호박씨(장식용) 적당량
도구 : 머핀틀, 유산지컵, 핸드믹서기, 짤주머니

준비하기

1. 머핀틀에 유산지컵을 깔아둔다.

2. 버터, 달걀은 미리 냉장고에서 꺼
   내 30분~1시간 정도 실온에 두어
   차가운 기를 없앤다.

3. 박력분, 아몬드가루, 단호박가루,
   베이킹파우더는 섞어서 2~3회 정
   도 체 쳐둔다.

4. 건포도에 럼주를 섞어 둔다.

5. 럼주가 없으면 건포도는 따뜻한 설
   탕물(분량 외)에 5~10분 정도 두
   었다가 짜고, 키친타월을 이용해서
   물기를 확실히 없애 스텐바트에 두
   었다가 사용하면 좋다(너무 오래
   불리면 물러 터지기 쉽다).

Comment :

단호박가루가 들어가서 노르스름한 색
이 예쁘고 호박 특유의 구수한 향 덕
분에 반죽에서도 먹어버리고 싶을 정
도의 좋은 향이 나는 머핀입니다. 마스
카포네치즈와 생크림의 부드럽고 고급
스러운 풍미를 느껴보세요.

1. 볼에 버터를 넣고 핸드믹서기로 풀어 준 다음 설탕과 꿀을 넣고 뽀얗게 될 때까지 섞는다.

2. 마스카포네치즈를 넣어 섞는다.

3. 달걀과 달걀노른자를 조금씩 넣으며 핸드믹서기 중속으로 섞는다. 섞다가 분리될 것 같으면 박력분, 아몬드가루, 단호박가루, 베이킹파우더를 섞은 가루의 일부분만 조금 넣고 섞는다.

4. 달걀과 달걀노른자를 다 섞으면, 볼 벽에 묻은 반죽을 주걱으로 긁어 본 반죽과 잘 섞는다.

5. 박력분, 아몬드가루, 단호박가루, 베이킹파우더를 넣고 주걱으로 섞는다.

6. 전자레인지에 몇 초간 돌려 사람 체온 정도의 온도로 데운 생크림을 넣고 광택이 날 때까지 섞는다.

7. 럼주에 절여 둔 건포도를 넣고 섞는다.

8. 짤주머니에 반죽을 담는다.

9. 틀에 반죽을 80% 정도 짜준다. 틀 바닥을 손바닥으로 탁탁 쳐서 반죽이 고르게 퍼지도록 한다.

10. 호박씨를 장식으로 뿌린다.

11. 미리 160~170℃로 예열한 오븐에서 25~30분 정도 구워준다(20분 정도 굽다가 틀을 반대로 돌려 머핀색이 고르게 나도록 한다).

호두 커피 머핀

난이도 : ★★
분량 : 머핀형 9개
재료 : 무염 버터A 160g, 설탕A 120g, 달걀 125g, 박력분 137g, 베이킹파우더 3g
커피물 : 인스턴트 커피가루 10g, 뜨거운 물 5g
캐러멜 호두 : 우유 50g, 생크림 50g, 설탕B 50g, 꿀 25g, 소금 2~3g, 물엿 50g,
　　　　　　무염 버터B 12g, 호두 분태 100g
도구 : 머핀틀, 유산지컵, 핸드믹서기, 짤주머니

준비하기

1. 머핀틀에 유산지컵을 깔아둔다.

2. 호두는 전처리한다(호두 전처리 34쪽 참고).

3. 박력분, 베이킹파우더는 섞어서 2~3회 정도 체 쳐둔다.

4. 버터, 달걀은 미리 냉장고에서 꺼내 30분~1시간 정도 실온에 두어 차가운 기를 없앤다.

5. 뜨거운 물에 인스턴트 커피가루를 녹여 커피물을 만든다.

Comment :

캐러멜을 묻힌 바삭바삭한 호두의 맛과 커피의 풍미를 동시에 느낄 수 있는 머핀입니다. 캐러멜 호두는 그냥 먹어도 과자처럼 바삭바삭 맛있어서 간식으로도 좋습니다.

만드는 방법

1. 캐러멜 호두를 만든다. 냄비에 우유, 생크림, 설탕B, 꿀, 소금, 물엿을 넣고 107℃까지 끓인다. 졸이는 중간에 잘 섞이도록 냄비를 종종 흔들거나 실리콘주걱으로 젓는다.

2. 버터B를 넣고 주걱으로 녹이며 젓는다.

3. 전처리한 호두 분태를 넣고 주걱으로 섞는다.

4. 저으면서 중불에 계속 졸이다가 연기가 나고 갈색이 되면 불에서 내린다.

5. 불에서 내리자마자 스텐바트에 옮겨 주걱으로 누르면서 넓게 펴준다.

6. 조금 식으면 적당한 크기로 부서트려 완전히 식힌다.

7. 볼에 버터A를 넣고 크림상태가 될 때까지 핸드믹서기로 섞은 다음 설탕 A를 넣고 섞는다.

8. 멍울 푼 달걀을 조금씩 나누어 넣으며 중속으로 섞는다.

9. 미리 만들어 둔 커피물을 넣고 섞는다.

10. 박력분, 베이킹파우더를 넣고 주걱으로 바닥에서 끌어올리듯이 매끈하게 섞는다. 짤주머니에 반죽을 넣는다.

11. 머핀틀에 유산지컵을 넣고 캐러멜 호두를 조금씩 넣는다.

12. 반죽을 70~80% 정도 짜준다. 틀의 바닥을 손바닥으로 쳐서 공기를 빼고 반죽이 고루 퍼지도록 한다.

13. 남은 캐러멜 호두를 반죽 위에 올려 장식한다.

14. 미리 170℃로 예열한 오븐에서 30분 정도 굽는다(20분 정도 굽다가 틀을 반대로 돌려 머핀색이 고르게 나도록 한다).

마롱 파운드케이크

난이도 : ★★★

분량 : 4.5cm×23.5cm×6cm(가로×세로×높이) 파운드틀 2개
재료 : 밤 페이스트 333g, 바닐라빈 1개, 무염 버터 167g, 아몬드가루 95g, 분당 145~153g,
　　　 달걀 130g, 박력분 41g, 베이킹파우더 2g, 밤 콩포트(속재료용) 약 170~180g
시럽 : 밤 시럽 적당량, 럼주 적당량
장식 : 밤 콩포트, 밤 시럽, 살구잼, 데코스노우(또는 분당), 금박 적당량
도구 : 파운드틀(4.5cm×23.5cm×6cm), 짤주머니, 핸드믹서기, 붓

준비하기

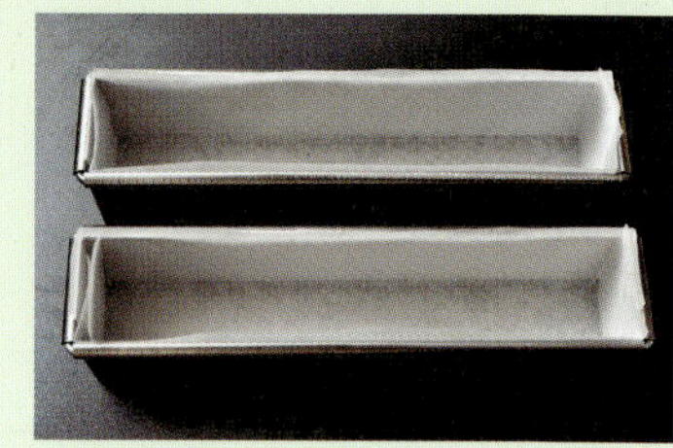

1. 파운드틀에 유산지를 깐다(틀 준비
   하기 25쪽 참고).

2. 버터, 밤 페이스트는 미리 냉장고
   에서 꺼내 30분~1시간 정도 실온
   에 두어 차가운 기를 없앤다(밤 페
   이스트 60쪽 참고).

3. 냉동 보관한 밤 콩포트는 작업 전에
   미리 해동시켜 준비한다(밤 콩포트
   60쪽 참고).

4. 달걀은 미리 냉장고에서 꺼내 30
   분~1시간 정도 실온에 두어 차가
   운 기를 없앤 다음, 사용하기 직전
   에 멍울을 푼다.

5. 아몬드가루는 체친다.

6. 박력분, 베이킹파우더는 섞어서
   2~3회 정도 체친다.

7. 밤 시럽(밤 콩포트의 시럽)에 럼주
   를 적당량 섞어 시럽을 만든다.

1. 밤 페이스트를 볼에 넣고 핸드믹서기로 풀어준다.

2. 버터를 넣고 함께 섞는다. 작업 중간에 볼 벽에 붙은 반죽을 주걱으로 모아 겉돌지 않도록 한다.

3. 바닐라빈은 반을 잘라 칼등을 이용해서 씨앗 부분만 살살 긁어 핸드믹서기의 거품기날 끝 쪽에 묻힌다. 핸드믹서기를 돌려 바닐라빈 씨앗이 반죽에 골고루 섞이도록 한다.

4. 아몬드가루를 넣고 섞는다.

5. 분당을 넣고 골고루 섞는다.

6. 멍울 푼 달걀을 소량씩 넣으며 핸드믹서기 중속으로 섞는다.

7. 박력분과 베이킹파우더를 넣고 주걱으로 자르듯이 섞는다.

8. 반죽을 짤주머니에 담고 두 개의 파운드틀에 균일하게 짠다. 반죽을 모두 쓰지 않고 1/3 정도 남긴다. 틀 아래쪽을 손바닥으로 가볍게 쳐서 반죽이 골고루 자리 잡도록 한다.

9. 밤 콩포트(속재료용)를 반죽에 묻듯이 골고루 넣는다.

10. 밤 콩포트가 완전히 보이지 않도록 남은 반죽으로 덮은 후, 주걱으로 윗면을 평평하게 정리한다.

11. 미리 150℃로 예열한 오븐에 반죽을 넣고 140℃로 온도를 내려 80~90분 정도 굽는다.

12. 굽자마자 틀에서 분리하고 유산지를 벗겨낸다. 케이크가 뜨거울 때 시럽을 빈틈없이 듬뿍 발라준 다음 식힘망에 올려 식힌다.

13. 케이크 윗면의 부푼 부분을 빵칼로 잘라낸다.

14. 테프론시트지에 케이크 바닥이 위를 향하도록 놓는다. 끓인 살구잼을 붓으로 케이크 전면에 바른다(살구잼이 너무 되직하면 물(분량 외)을 조금 넣어 끓인다).

15. 약 1~1.3cm 정도 공간을 남기고 자를 댄 후, 데코스노우 또는 분당을 촘촘한 체에 담고 뿌린다. 데코스노우는 분당 대신 사용하는 장식용 가루로 케이크나 쿠키, 머핀 위를 장식할 때 주로 사용하는데, 물에 잘 녹지 않기 때문에 처음 모습 그대로 오랫동안 유지할 수 있다.

16. 밤 콩포트(장식용)를 올리고 살구잼을 얇게 바른 다음, 밤 시럽을 발라서 광택을 낸다. 그 위에 금박 장식을 얹어 마무리한다(밤 콩포트 장식이 미끄러지면 살구잼을 접착제처럼 사용해서 고정시킨다).

Comment :

집에서 직접 만든 밤 콩포트를 갈아서 페이스트를 만들었기 때문에 단맛이 적고 밤 특유의 고소한 맛이 살아있는 파운드케이크예요. 밤 페이스트는 시판 제품을 사용하셔도 좋지만, 제철 밤을 시럽에 절인 핸드메이드 제품으로 만들면 더욱 맛있답니다.

레몬 파운드케이크

난이도 : ★★★
분량 : 4.5cm×23.5cm×6cm(가로×세로×높이) 파운드틀 2개
재료 : 달걀 200g, 설탕 180g, 레몬껍질 1개, 무염 버터 169g, 플레인 요구르트 42g,
　　　　레몬즙 10g, 박력분 183g, 레몬 콩피 다진 것 100g
장식1 : 살구잼 · 물 적당량
장식2 : 분당 200g, 레몬즙 25g, 물 25g
장식3 : 피스타치오 · 레몬 콩피 적당량
도구 : 파운드틀, 핸드믹서기, 유산지, 제스터, 짤주머니, 붓

Comment :

반죽에 들어가는 레몬껍질은 휘발성이 높고 향이 금방 사라지므로, 반드시 사용하기 직전에 갈아주세요. 단맛을 좋아하지 않으시면, 살구잼과 설탕옷으로 장식하는 과정을 생략해서 만들어 보세요.

1. 파운드틀에 유산지를 깐다(유산지를 까는 방법 25쪽 참고).

2. 버터, 달걀은 냉장고에서 꺼내 30분~1시간 정도 실온에 두어 차가운 기를 없앤다.

3. 박력분은 2~3회 체친다.

4. 레몬껍질은 사용하기 직전에 제스터를 이용해 노란 부분만 갈아 준비한다(제스터 대신 칼로 레몬껍질의 노란 부분만 얇게 깎아 다져도 된다).

5. 레몬껍질 간 것과 설탕을 손으로 비비며 섞는다.

6. 레몬을 반으로 가르고 짠다. 레몬즙 10g은 반죽에 넣고 25g은 장식으로 사용한다.

7. 레몬 콩피는 칼로 잘게 다진다(레몬 콩피 64쪽 참고).

1. 볼에 달걀을 넣고 핸드믹서기로 풀어 준 후, 레몬껍질을 섞은 설탕을 2~3회 정도 나눠 넣으며 섞는다.

2. 중탕에 올리고 핸드믹서기 중속으로 설탕을 재빨리 녹인다. 중탕 시, 달걀의 온도는 40℃ 정도가 적당하다.

3. 볼 바닥까지 손가락을 넣어서 설탕이 녹았는지 확인한다. 설탕이 완전히 녹고 달걀이 따뜻한 정도가 되면 중탕에서 볼을 빼서 핸드믹서기 중속으로 달걀 거품을 풍성하게 올린다.

4. 핸드믹서기를 들어 올렸을 때 흔적이 선명하게 남고, 기포가 살아 있다가 천천히 사라지는 상태가 될 때까지 거품을 낸다. 핸드믹서기 저속에서 2~3분 정도 더 작동시켜 기포를 작고 균일하게 정리해 부드러운 케이크를 만들도록 한다.

5. 전자레인지에서 40℃ 정도로 녹인 버터를 주걱으로 섞으며 넣는다. 플레인 요구르트, 레몬즙을 넣고 30~40회 저어준다(녹인 버터가 차가워지면 반죽과 섞기 어려워지므로 온도는 넣기 전까지 40℃를 유지하는 게 좋다).

6. 박력분을 조금씩 넣으며, 주걱을 아래에서부터 위로 끌어올리듯이 털어주는 느낌으로 재빨리 섞어야 응어리가 생기지 않는다. 반죽에서 광택이 날 때까지 반복한다.

7. 레몬 콩피 다진 것을 넣고 섞은 후, 짤주머니에 반죽을 담는다.

8. 파운드틀에 반죽을 70% 정도로 채운 다음, 틀 아래쪽을 손바닥으로 가볍게 쳐서 반죽이 골고루 자리 잡도록 한다.

9. 160℃로 예열해 둔 오븐에서 노릇노릇한 색이 날 때까지 40~50분 정도 구워준다.

10. 굽자마자 틀에서 분리한 후 케이크 바닥면이 위로 오도록 식힘망 위에 올린다. 유산지를 벗기지 않고 식힌다.

11. 완전히 식으면 유산지를 벗기고 윗면의 부푼 부분을 자른다.

12. 살구잼과 물 적당량을 작은 냄비에 넣고 부드럽게 될 때까지 끓인 다음, 뜨거운 살구잼을 붓으로 케이크 전체에 바르고 건조시킨다(살구잼이 수분의 이동을 막아 더욱 부드럽게 만드는 역할을 한다).

13. 장식2 재료를 모두 넣고 주걱으로 섞으면서 녹인다(체친 분당을 넣는다).

14. 220℃로 예열했다가 끈 오븐에 넣어서 따뜻한 상태로 만든다.

15. 파운드를 손으로 만졌을 때 살구잼이 묻어나지 않을 정도로 건조되면 따뜻한 상태의 14를 발라준다(살구잼의 건조가 부족하면, 공기가 들어가 작은 기포가 생겨버린다).

16. 식힘망에 파운드를 올려 미리 220℃로 예열한 오븐에 2~3분간 구워주면 광택이 생긴다. 다진 레몬 콩피와 피스타치오로 장식한다.

소보로 캐러멜 파운드케이크

난이도 : ★★★
분량 : 4.5cm×23.5cm×6cm(가로×세로×높이) 파운드틀 2개
재료 : 무염 버터 120g, 분당 110g, 소금 2g, 달걀 120g, 아몬드가루 158g, 박력분 86g, 베이킹파우더 1g
캐러멜 : 설탕 103g, 물 30g, 물엿 30g, 생크림 132g
소보로 : 버터 45g, 설탕 45g, 소금 두꼬집, 아몬드가루 45g, 박력분 45g
시럽 : 물 100g, 설탕 50g
도구 : 파운드틀(4.5cm×23.5cm×6cm), 핸드믹서기, 편수냄비, 유산지, 짤주머니, 거품기, 붓

준비하기

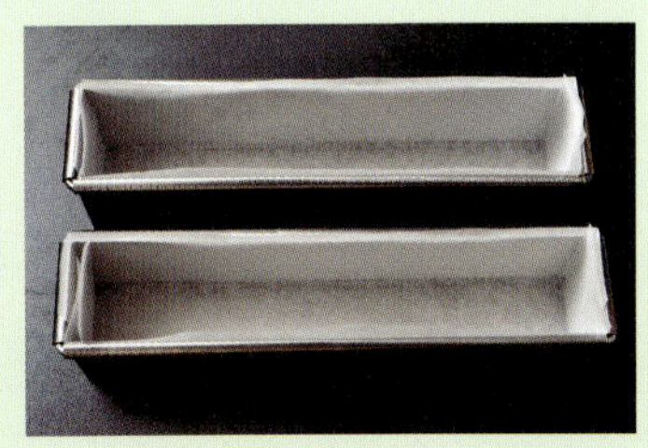

1. 파운드틀에 유산지를 깐다(틀 준비
   하기 25쪽 참고).

2. 버터, 달걀은 미리 냉장고에서 꺼
   내 30분~1시간 정도 실온에 두어
   차가운 기를 없앤다.

3. 아몬드가루는 체친다.

4. 박력분과 베이킹파우더를 섞은 후
   2~3회 체친다.

5. 냄비에 물과 설탕을 넣고 끓이다가
   설탕이 완전히 녹으면 불을 끄고
   식혀 시럽을 만든다.

6. 소보로는 미리 만들어 사용 직전까
   지 냉장보관한다(소보로 38쪽 참고).

캐러멜 만들기

1. 편수 냄비에 물, 설탕을 넣은 다음 물엿을 넣고 중약불로 가열한다. 생크림은 내열용기에 담아 전자레인지에 30초 정도 데우거나 약불로 끓여 약 50~60℃의 따뜻한 상태를 유지한다.

2. 캐러멜색이 나기 시작하면 시럽이 고루 섞일 수 있도록 종종 냄비를 둥글게 흔들어준다.

3. 시럽이 누런 황금색으로 변하고 부글부글 끓기 시작하면 데운 생크림을 조금씩 붓는다. 거품기로 재빠르게 계속 섞는다(생크림을 넣을 때 튈 수 있으니 주의한다. 뜨거우므로 손에 두꺼운 장갑을 끼고 작업해도 좋다).

4. 생크림의 수분을 날리기 위해서 실리콘주걱이나 나무주걱으로 계속 저으면서 약불에서 졸인다.

5. 걸쭉해지면 냄비를 통째로 차가운 물에 담가 주걱으로 저어가며 식힌다. 이 때 물이 들어가지 않도록 주의한다.

만드는 방법

1. 볼에 버터를 넣고 핸드믹서기로 풀어준다. 분당과 소금을 넣고 주걱으로 골고루 섞는다.

2. 멍울 푼 달걀을 아주 조금씩 넣으면서 분리되지 않도록 핸드믹서기 중속으로 섞는다(작업 중간중간에 볼 벽에 붙어있는 반죽을 주걱으로 모아 겉돌지 않게 한다).

3. 아몬드가루를 넣는다.

4. 식혀 둔 캐러멜을 두 번에 나누어 넣으며 핸드믹서기로 골고루 섞는다.

5. 박력분, 베이킹파우더를 넣고 주걱으로 자르듯이 섞는다.

6. 짤주머니에 반죽을 담고 두 개의 파운드틀에 균일하게 짠다. 틀 아래쪽을 손바닥으로 가볍게 쳐주면 반죽이 골고루 자리 잡는다.

7. 냉장보관한 소보로 반죽을 위에 뿌린다.

Comment :

캐러멜에는 단맛과 쓴맛의 양면이 있어, 입에 들어갔을 때 캐러멜의 좋은 점을 강조해줍니다. 단맛을 억제하기 위해 레시피에서 분당 양을 줄이면, 촉촉함이 덜해지므로 너무 줄이지 않고 만들어 주세요.

8. 미리 160℃로 예열한 오븐에서 약 40분간 굽는다.

9. 굽자마자 틀에서 분리한 후 유산지를 벗겨낸다. 파운드가 뜨거울 때 시럽을 빈틈없이 발라주고 식힘망에 올려 완전히 식힌다.

오렌지 파운드케이크

분량 : 4.5cm×23.5cm×6cm(가로×세로×높이) 파운드틀 2개
재료 : 마지팬 96g, 설탕 90g, 무염 버터 154g, 달걀 115g, 달걀노른자 39g, 박력분 113g,
　　　 아몬드가루 13g, 베이킹파우더 2g
재료A : 오렌지 콩피 잘게 자른 것 200g, 오렌지 시럽 15g, 쿠앵트로 10g
시럽 : 물 100g, 설탕 50g, 쿠앵트로 15~20g(조절 가능)
장식 : 살구잼 적당량, 오렌지 콩피 적당량
도구 : 파운드틀(4.5cm×23.5cm×6cm), 유산지, 테프론시트지, 거품기, 짤주머니, 붓

준비하기

1. 파운드틀에 유산지를 깐다(틀 준비
   하기 25쪽 참고).

2. 버터, 달걀은 미리 냉장고에서 꺼내
   30분~1시간 정도 실온에 두어 차가
   운 기를 없앤다. 달걀과 달걀노른자
   를 함께 계량해 멍울을 푼다.

3. 박력분, 아몬드가루, 베이킹파우더
   는 섞어서 체친다.

4. 냄비에 물과 설탕을 넣고 끓이다가
   설탕이 완전히 녹으면 불을 끈다.
   상온에 놓고 식힌 다음, 쿠앵트로
   를 넣어 시럽을 만든다.

5. 재료A는 섞어서 30분 이상 실온
   에 둔다. 여기서 시럽은 오렌지 콩
   피의 시럽을 사용한다(오렌지 콩피
   66쪽 참고).

1. 전자레인지에 마지팬(36쪽 참고)을 약 20~30초 정도 데워 따뜻하게 만든다. 멍울을 푼 달걀과 달걀노른자를 마지팬을 담은 그릇에 조금씩 부으며 주걱으로 풀어준다(따뜻한 상태의 마지팬이 더 잘 섞인다. 달걀물은 마지팬을 풀어주는 용도로 소량만 사용한다).

2. 볼에 버터를 넣고 거품기로 풀어준 다음 설탕을 넣고 섞는다.

3. 부드럽게 풀어둔 마지팬을 넣고 섞다가 나머지 달걀과 달걀노른자를 조금씩 넣으며 잘 섞는다(작업 중간중간에 볼 벽에 붙은 반죽을 주걱으로 모아서 겉돌지 않게 한다).

4. 체친 박력분, 아몬드가루, 베이킹파우더를 넣고 주걱으로 자르듯이 섞는다.

5. 재료A를 넣고 섞는다.

6. 짤주머니에 완성된 반죽을 넣는다.

7. 반죽을 두 개의 팬에 나누어 담고 반죽이 고르게 자리 잡히도록 틀 아래쪽을 손바닥으로 가볍게 친다.

8. 미리 130℃로 예열한 오븐에서 노릇노릇한 색이 날 때까지 약 80분간 구워준다.

9. 굽자마자 틀에서 조심스럽게 분리해 테프론시트지 위에 올린다. 유산지를 벗긴 후 케이크가 뜨거울 때 시럽을 듬뿍 발라주고 식힌다.

10. 케이크 윗면의 부푼 부분을 잘라낸 후 바닥이 되도록 놓는다.

11. 살구잼 적당량을 작은 냄비에 넣고 부드럽게 될 때까지 끓인 다음, 케이크 전체에 붓으로 바른다. 장식으로 오렌지 콩피를 올리고 그 위에 살구잼을 다시 한 번 발라 광택을 낸다(살구잼이 뻑뻑하다면 소량의 물(분량 외)을 넣고 함께 끓인다).

Comment :

직접 만든 오렌지 콩피로 만든 부드럽고 촉촉한 오렌지 케이크입니다. 오렌지 껍질로 만든 무색의 리큐어인 쿠앵트로를 넣어서 만들면, 오렌지 파운드케이크의 풍미가 더욱 고급스러워집니다.

초코 크런치 파운드케이크

난이도 : ★★★
분량 : 4.5cm×23.5cm×6cm(가로×세로×높이) 파운드틀 2개
재료 : 녹인 무염 버터 180g, 분당 180g, 달걀 143g, 박력분 165g, 코코아가루 38g, 베이킹파우더 3g
재료A : 오렌지 콩피 200g, 설타나 건포도 45g, 쿠앵트로 45g
시럽 : 물 100g, 설탕 50g, 쿠앵트로 15~20g(기호에 맞춰 조절 가능)
캐러멜아몬드 : 물 16g, 설탕 32g, 아몬드 분태 100g, 코팅용 초콜릿 160g, 다크 초콜릿 80g
도구 : 파운드틀(4.5cm×23.5cm×6cm), 푸드 프로세서, 유산지, 편수냄비, 스텐바트, 짤주머니, 붓, 랩

Comment :

파운드케이크의 촉촉한 식감에 초코 크런치의 바삭한 식감과 고소한 맛, 은은한 오렌지 향까지 더해진 매력적인 케이크예요.

재료 소개

코팅용 초콜릿

커버추어 초콜릿의 성분 중 하나인 코코아버터를 팜유, 레시틴 등 기타 식용유지로 대체한 것으로 별도의 템퍼링이 필요 없어 초보자들도 쉽게 사용할 수 있다.

아몬드 분태

아몬드를 잘게 다진 것으로, 쿠키나 빵 반죽 위에 뿌리기도 하고 초콜릿 또는 케이크 데코레이션으로 사용하기도 한다. 프라이팬에 살짝 볶거나 오븐에 구우면 고소한 맛이 더해진다.

설타나

청포도를 자연 그대로의 상태에서 말린 건포도로, 껍질이 얇고 황갈색의 골드 빛이 도는 것이 특징이다. 기존의 검정색 건포도보다 식감이 쫀득하고 부드러우며, 깔끔하고 달콤한 맛이 난다.

준비하기

1. 파운드틀에 유산지를 깐다(틀 준비하기 25쪽 참고).

2. 버터, 달걀은 미리 냉장고에서 꺼내 30분~1시간 정도 실온에 두어 차가운 기를 없앤다.

3. 박력분, 코코아가루, 베이킹파우더를 섞어서 2~3회 체친다.

4. 냄비에 물과 설탕을 넣고 끓이다가 설탕이 완전히 녹으면 불을 끈다. 상온에 놓고 식힌 다음, 쿠앵트로를 넣어 시럽을 만든다.

5. 재료A를 모두 섞고 30분 이상 실온에 둔다(오렌지 콩피 66쪽 참고).

캐러멜아몬드 만들기

1. 작은 냄비에 설탕과 물을 넣고 끓여 시럽 상태가 되게 한다(끓이는 동안 냄비를 돌려주면 설탕이 빨리 녹는다).

2. 아몬드 분태를 넣고 나무 주걱으로 섞는다.

3. 연기가 나고 탄내가 살짝 날 때까지 강불로 가열한다. 이 때 나무주걱으로 계속 섞어야 한다.

4. 달라붙지 않도록 스텐바트에 넓게 펼쳐 식힌다.

만드는 방법

1. 푸드 프로세서에 달걀, 분당, 박력분, 코코아가루, 베이킹파우더를 넣고 전체가 페이스트 상태가 될 때까지 가볍게 섞는다(작업 중간중간에 푸드 프로세서 용기에 붙어 있는 반죽을 주걱으로 정리한다).

2. 전자레인지에 30초~1분 정도 데운 따뜻한 버터를 넣는다.

3. 푸드 프로세서에 재료A의 1/4 정도
   를 넣고 섞는다. 반죽에 버터가 완전
   히 섞이고 광택이 나면 볼에 담는다.

4. 나머지 재료A를 모두 넣는다. 주걱
   을 세워 섞으면 공기가 들어가지 않
   는다.

5. 반죽을 짤주머니에 담고 파운드틀에
   65~70% 정도 짠다.

6. 미리 160℃로 예열한 오븐에 넣고
   150℃로 온도를 내려 1시간 정도 굽
   는다.

7. 굽자마자 틀에서 분리하고 유산지를
   벗겨낸다. 케이크가 뜨거울 때 시럽
   을 빈틈없이 바른다.

8. 뜨거운 상태일 때 랩으로 싸서 시럽
   이 마르는 것을 방지한다.

9. 코팅용 초콜릿과 다크 초콜릿을 중탕
   으로 녹이고, 만들어 둔 캐러멜아몬드
   를 넣어 캐러멜아몬드 초콜릿 장식을
   만든다. 온도는 40℃가 적당하다.

10. 파운드의 랩을 벗기고 윗부분에만
    따뜻한 상태의 캐러멜아몬드 초콜
    릿 장식을 주걱으로 바른다.

커피 파운드케이크

난이도 : ★★★

분량 : 4.5cm×23.5cm×6cm(가로×세로×높이) 파운드틀 2개
재료 : 마지팬 200g, 달걀 152g, 달걀노른자 60g, 설탕 70g, 꿀 15g, 박력분 70g, 베이킹파우더 1g, 계피가루 1g, 무염 버터 73g,
　　　 리큐르커피(깔루아) 6g, 커피엑기스(트라블리) 13g
시럽 : 물 100g, 설탕 50g, 리큐르커피(깔루아) 30~40g
장식 : 다크 초콜릿 200g, 코팅용 다크 초콜릿 250g, 카놀라유 76g
도구 : 파운드틀(4.5cm×23.5cm×6cm), 핸드믹서기, 스텐바트, 유산지, 짤주머니, 거품기, 붓

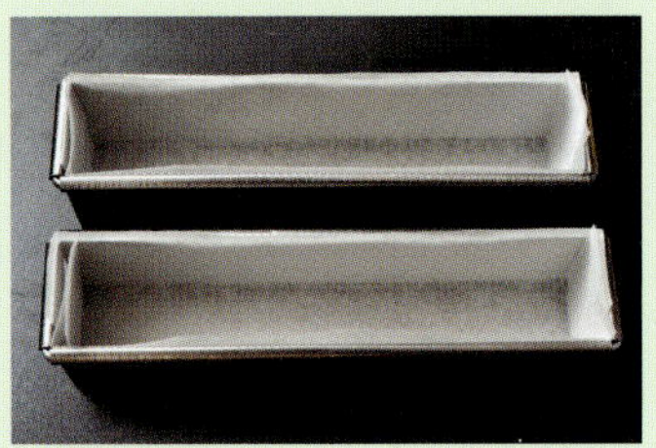

1. 파운드틀에 유산지를 깐다(틀 준비하기 25쪽 참고).

2. 버터, 달걀은 냉장고에서 꺼내 30분~1시간 정도 실온에 두어 차가운 기를 없앤다. 달걀과 달걀노른자는 함께 계량한다.

3. 박력분, 베이킹파우더, 계피가루를 섞어서 2~3회 체친다.

4. 리큐르커피와 커피엑기스를 함께 계량한다. 리큐르커피는 깔루아(Kahlua)를 사용했습니다. 깔루아는 데킬라, 커피, 설탕으로 만들어진 커피향이 나는 술로 칵테일이나 베이킹에 많이 사용합니다. 커피엑기스는 트라블리(Trablit Coffee Extract)를 사용했습니다. 트라블리는 브랜드 이름인데, 커피엑기스 대신 사용하기도 합니다. 커피엑기스가 없다면 인스턴트커피와 물을 2:1의 비율로 섞은 것을 사용하세요.

5. 냄비에 물과 설탕을 넣고 설탕이 완전히 녹을 때까지 끓인다. 상온에 놓고 식힌 다음, 리큐르커피를 넣어 시럽을 준비한다.

만드는 방법

1. 전자레인지에 마지팬을 약 20~30초 정도 돌린다. 멍울을 푼 달걀과 달걀노른자를 조금씩 넣으며, 주걱 또는 거품기를 이용해 섞는다. 달걀물은 전부 사용하지 않고 마지팬을 풀어주는 용도로 조금만 사용한다(마지팬 36쪽 참고).

2. 남은 달걀과 달걀노른자를 4~5회에 나누어 넣은 후, 덩어리 없이 매끈하게 섞는다. 마지팬의 열이 남아있는 동안에 재빠르게 진행해야 한다.

3. 설탕과 꿀을 넣고 핸드믹서기 중속으로 천천히 원을 그리듯이 움직여 거품을 풍성하게 올린다.

4. 핸드믹서기를 들어 올렸을 때 흔적이 선명하게 남고 기포가 살아 있다가 천천히 사라지는 상태가 될 때까지 거품을 낸다. 핸드믹서기를 저속으로 맞춰 2~3분 정도 더 거품을 내어 기포를 작고 균일하게 정리한다.

5. 리큐르커피, 커피엑기스를 넣고 거품기로 섞는다(리큐르커피는 생략해도 된다).

6. 박력분, 베이킹파우더, 계피가루를 넣고 주걱을 아래에서 위로 끌어올리는 느낌으로 광택이 날 때까지 반죽한다.

7. 버터를 그릇에 담고, 전자레인지에서 50℃ 정도로 녹인다. 녹인 버터에 반죽을 두 주걱 정도 떠서 넣고 완전히 섞일 때까지 젓는다(녹인 버터가 차가워지면 반죽과 섞이기 어려워지므로 온도를 50℃로 유지한다).

8. 버터 섞은 반죽을 본 반죽에 다시 넣고 섞는다.

9. 짤주머니에 반죽을 담고, 틀에 70% 정도씩 나누어 짠다. 틀 아래쪽을 손바닥으로 가볍게 쳐서 반죽이 골고루 자리 잡히도록 한다.

10. 160℃로 예열해 둔 오븐에서 약 40~50분 정도 굽는다.

11. 굽자마자 틀에서 분리하고 유산지를 벗겨낸 후, 뜨거운 상태의 케이크에 시럽을 빈틈없이 바르고 완전히 식힌다.

12. 파운드의 부푼 부분을 잘라낸다.

13. 다크 초콜릿, 코팅용 다크 초콜릿을 볼에 담아 중탕으로 녹인 후, 카놀라유를 넣고 거품기로 천천히 섞는다.

14. 스텐바트 위에 식힘망을 올리고 케이크 바닥면이 위를 향하도록 놓는다.

15. 13을 케이크 전면에 골고루 뿌린다 (스텐바트에 흘러내린 초콜릿을 다시 볼에 담아 중탕해 사용해도 된다).

16. 커피콩 모양의 초콜릿으로 윗면을 장식한다.

Comment :

커피 풍미가 느껴지는 부드럽고 촉촉한 케이크입니다. 깔루아를 넣은 커피시럽을 듬뿍 발라, 커피를 좋아하시는 분들에게 추천하는 케이크예요.

Part 5.

절대 실패하지 않는 케이크와 타르트

팽 드 젠
말차 갸토
이보아르 화이트 브라우니
벌꿀 카스텔라
치즈 케이크
딸기 생크림 케이크
고구마 케이크
딸기 샤를로트 케이크
순 롤케이크
딸기 타르트
체리 소보로 타르트
블루베리 크림치즈 타르트
사과 타르트
밤(마롱) 타르트
서양배 타르트
　　　플러스 레시피 바닐라 쿠키
양파 키쉬

팽 드 젠

난이도 : ★
분량 : 16.5cm×16.5cm(가로×세로) 사각틀 1개분
재료 : 아몬드가루 154g, 분당 205g, 달걀 224g, 박력분 62g, 베이킹파우더 3g,
　　　무염 버터 92g, 바닐라오일 적당량, 럼주 15g
기타 : 무염 버터(틀에 바르는 용도) 적당량, 슬라이스 아몬드 적당량
도구 : 사각틀(16.5cm×16.5cm), 거품기, 주걱, 굵은 체

준비하기

1. 버터, 달걀은 미리 냉장고에서 꺼내 30분~1시간 정도 실온에 두어 차가운 기를 없앤다.

2. 박력분, 베이킹파우더는 섞어서 2~3회 정도 미리 체 쳐둔다.

3. 틀에 버터(틀에 바르는 용도)를 듬뿍 바르고, 슬라이스 아몬드를 꼼꼼하게 붙인다. 사각틀이 없다면 비슷한 크기의 다른 틀도 가능하다.

Comment :

팽 드 젠(Pain de Genes)은 아몬드와 버터의 진한 풍미를 가진 케이크입니다. 촉촉하고 폭신폭신한 부드러운 식감으로, 반죽을 잘 섞기만 하면 어렵지 않게 만들 수 있습니다. 아몬드 슬라이스는 장식도 되고 틀에 반죽이 들러붙는 것을 막아주는 효과도 있습니다.

1. 아몬드가루와 분당을 볼에 담고, 주 걱으로 대충 섞어 굵은 체에 두어 번 내린다.

2. 멍울 푼 달걀을 조금씩 넣으며 천천 히 거품기로 섞는다.

3. 박력분, 베이킹파우더를 넣고 섞는다.

4. 전자레인지에 돌려 녹인 따뜻한 상태 의 버터를 넣고 섞는다.

5. 바닐라오일과 럼주를 넣고 섞는다.

6. 아몬드 슬라이스를 붙인 사각틀에 반 죽을 붓는다.

7. 미리 170℃로 예열한 오븐에서 45~55분 정도 진한 갈색으로 구워준다.

8. 오븐에서 구워지자마자 틀에서 분리 해 식힘망 위에 엎어서 식혀준다.

말차 갸토

난이도 : ★★★
분량 : 지름 18cm 원형틀(높이 7cm) 1개분
재료 : 달걀노른자 100g, 분당A 43g, 아몬드가루 45g, 박력분 33g, 분당B 40g,
       말차가루 8g, 무염 버터 75g
머랭 : 달걀흰자 150g, 설탕 100g
장식 : 말차가루 적당량, 분당 적당량
도구 : 원형틀(지름 18cm, 높이 7cm), 유산지, 핸드믹서기, 주걱

준비하기

1. 원형틀에 유산지를 재단해서 깔아 둔다(틀 준비하기 24쪽 참고).

2. 달걀은 미리 냉장고에서 꺼내 30 분~1시간 정도 실온에 두어 차가 운 기를 없앤다.

3. 아몬드가루, 박력분, 분당B, 말차 가루는 섞어 2~3회 정도 미리 체 쳐둔다.

Comment :

머랭을 만드는 작업이 번거로울 수 있 지만, 그만큼 부드럽고 폭신한 식감의 말차 케이크를 만들 수 있습니다.
말차의 향과 색이 돋보이는 케이크로 질리지 않는 말차의 매력을 느껴보세 요.

1. 볼에 달걀노른자와 분당A를 넣고, 아이보리색이 될 때까지 핸드믹서기로 섞는다.

2. 주걱으로 볼 벽을 정리해 잘 섞는다.

3. 다른 볼에 달걀흰자와 설탕을 넣고 머랭(31쪽 참고)을 만든다.

4. 머랭을 핸드믹서기로 들어 올렸을 때 휘는 정도(80%)로 거품을 낸다.

5. 반죽에 머랭의 1/3 정도를 넣고 주걱으로 섞는다.

6. 분당B, 아몬드가루, 박력분, 말차가루를 넣고 주걱으로 섞는다.

7. 나머지 머랭을 전부 넣고 섞는다.

8. 전자레인지에 몇 초간 돌려 녹인 따뜻한 상태의 버터를 넣고 섞는다.

9. 원형틀에 반죽을 붓고 평평하게 정리한다.

10. 미리 150~160℃로 예열한 오븐에서 약 45~50분간 굽는다. 다 구워지면 틀에서 조심스럽게 바로 분리해 식힘망에 올려 식힌다.

11. 완전히 식으면 뒤집어서 말차가루(장식용)와 분당(장식용)을 체로 뿌린 다음 금박으로 장식한다.

이보아르 화이트 브라우니

난이도 : ★★★

분량 : 4.5cm×7cm×1.7cm(가로×세로×높이) 타원모양 약 26개분
재료 : 무염 버터 167g, 설탕 120g, 달걀 150g, 이보아르 화이트 초콜릿 90g, 박력분 122g
반건조 딸기 1 : 딸기(또는 냉동 딸기)300g, 설탕 120g
반건조 딸기 2 : 딸기(또는 냉동 딸기)450g, 설탕 180g
장식 : 반건조 딸기 적당량, 잘게 다진 피스타치오 적당량
도구 : 타원틀(4.5cm×7cm×1.7cm), 냄비, 주걱, 핸드믹서기, 짤주머니

재료 소개

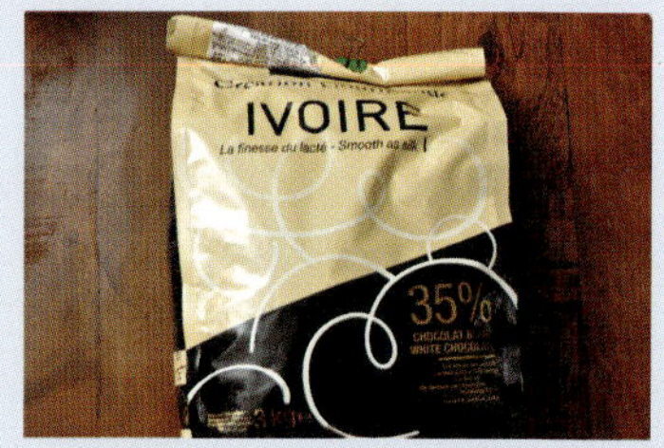

이보아르(IVOIRE) 화이트 초콜릿은 세계 3대 초콜릿 회사 중 한 곳이라 불리는 프랑스 '발로나(VALRHONA)사' 의 초콜릿으로, 시중의 다른 화이트 초콜릿보다 단맛이 적으며, 섬세한 맛과 독특한 풍미와 부드러운 촉감이 특징이다.

Comment :

화이트 초콜릿이 들어가면 보통 많이 달아 금방 질리는 경우가 많은데 이보아르 화이트 브라우니는 발로나 이보아르 초콜릿을 사용했기 때문에 부드럽고 폭신한 케이크를 먹는 느낌입니다. 장식으로 반건조 딸기를 넣어서 달콤한 풍미도 더했습니다.

1. 박력분은 미리 2~3회 정도 체 쳐둔다.

2. 버터, 달걀은 미리 냉장고에서 꺼내 30분~1시간 정도 실온에 두어 차가운 기를 없앤다.

4. 이보아르 화이트 초콜릿은 칼로 다져 둔다.

3. 구운 후 케이크를 틀에서 분리할 때 모양이 망가지지 않도록 틀에 버터(분량 외)를 코팅하듯이 얇게 바르고 냉장고에 넣어 둔다. 강력분(분량 외)을 체로 뿌려 묻히고 틀을 뒤집어서 탁탁 털어 둔다.

만드는 방법

1. 딸기는 씻어 꼭지를 딴 다음 냄비에 딸기와 설탕을 붓고, 국물이 생길 때까지 잠시 둔다(딸기철 이외에는 사진처럼 냉동 딸기를 써도 된다).

2. 국물이 생기면 약불에 5분 정도 끓인 다음, 반나절 정도 시럽에 재워둔다(주걱으로 종종 저어준다).

3. 시럽과 딸기를 분리해 딸기를 체 위에 올려 반나절 정도 건조시킨다.

4. 미리 100~110℃로 예열한 오븐에서 50분 정도 건조시키면 반건조 딸기가 완성된다.

5. 볼에 버터를 넣고 핸드믹서기로 잘 풀어 준 다음, 설탕을 넣고 골고루 섞어 준다. 공기를 넣어 뽀얗게 될 때까지 섞는다.

6. 멍울 푼 달걀을 아주 조금씩 넣으며 분리되지 않도록 핸드믹서기 중속으로 섞는다.

7. 화이트 초콜릿을 중탕으로 약 40℃ 정도를 유지하면서 녹인다.

8. 화이트 초콜릿을 반죽에 다 넣고 주걱으로 섞는다(초콜릿의 온도는 반드시 적정온도를 유지해야 한다. 온도가 높으면 버터가 녹아 공기를 포함한 의미가 없어지고, 낮으면 반죽이 단단해진다).

9. 박력분을 넣어 주걱으로 부드럽게 될 때까지 섞는다(반죽에 덩어리가 생길 수 있으나 녹은 초콜릿이 들어가면 유지분이 많아지기 때문에 주걱으로 많이 섞어도 글루텐이 생기지 않는다).

10. 반죽을 짤주머니에 담는다.

11. 오븐팬에 타원형틀을 올리고 반죽을 틀에 60% 정도 짜준다.

12. 미리 만들어 둔 반건조 딸기를 적당한 크기로 잘라 올린다(딸기를 큼지막하게 넣고 싶을 때에는 반건조 딸기2 재료 분량으로 만든다).

13. 다진 피스타치오를 뿌려 장식한다.

14. 미리 160~170℃로 예열한 오븐에서 25~30분 정도 굽는다.

벌꿀 카스텔라

난이도 : ★★★★

분량 : 내경 20cm×10cm×10cm(가로×세로×높이) 나무 카스텔라 틀(직사각형) 1개분
또는 19cm×19cm(가로×세로) 정사각틀 1개분

재료 : 달걀 150g, 달걀노른자 40g, 설탕 77g, 소금 한 꼬집, 꿀 60g, 바닐라오일 2~3방울,
우유 30g, 셀러드유 30g, 박력분 110g

기타 : 무염 버터(바르는 용도) 적당량

도구 : 나무 카스텔라틀(직사각형틀 20cm×10cm×10cm 또는
정사각형틀 19cm×19cm), 유산지, 반죽기, 거품기, 주걱, 테프론시트지

준비하기

1. 카스텔라 틀에 유산지를 사진처럼 잘라서 재단한다. 유산지를 나무틀에 꽉 끼도록 재단해야 반죽이 새지 않는다.

2. 우유, 셀러드유는 약 60℃ 정도의 따뜻한 물에 중탕으로 올려서 체온 정도로 데우고 사용 전까지 따뜻하게 유지한다. 따뜻하면 반죽과 섞이기 쉬우므로 따뜻한 물에 계속 담가 둔다.

3. 달걀은 미리 냉장고에서 꺼내 30분~1시간 정도 실온에 두어 차가운 기를 없앤다.

4. 박력분은 미리 2~3회 체 쳐둔다.

1. 볼에 달걀, 달걀노른자를 넣고 거품기로 멍울을 풀어 준 다음 설탕, 소금을 넣고 섞는다.

2. 벌꿀과 바닐라오일을 넣고 거품기로 섞은 다음, 약 60℃의 물에 중탕으로 올려 섞는다(꿀의 향이 너무 강하면 카스텔라를 먹을 때 거슬릴 수 있으므로 꿀은 자연스럽고 은은한 향이 좋다).

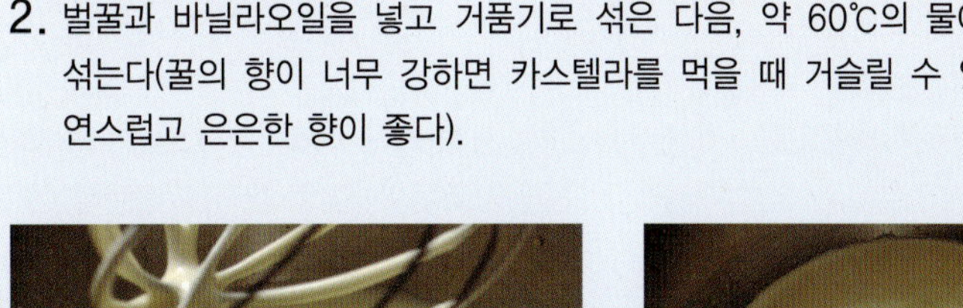

3. 체온 정도로 따뜻해지고 설탕이 녹으면 중탕에서 내린 후 반죽기에 넣어 중속으로 힘차게 섞는다. 섞다 보면 반죽색이 아이보리색이 되고 묵직한 느낌이 든다.

4. 계속 달걀 거품을 내다 거품기를 들어 올렸을 때, 자국이 몇 초 후에 사라지는 정도가 되면 약 2분 정도 저속으로 더 돌려서 거품을 정리해준다.

5. 박력분을 넣고 주걱으로 섞는다.

6. 따뜻한 상태의 우유와 셀러드유를 넣고 주걱으로 바닥부터 재빠르게 반죽을 올려 섞는다.

7. 틀에 반죽을 붓고 주걱으로 반죽이 고루 잡히도록 하고, 윗면을 정리한다.

8. 기다란 꼬치로 아랫면에서부터 빙글 빙글 돌리듯 좌우로 왔다 갔다하면서 기포를 빼준다. 반죽을 부으면서 유산지에 묻은 반죽은 깨끗하게 닦아준다.

9. 미리 170℃로 예열한 오븐에서 10~15분 정도 구워 사진처럼 색을 낸 다음, 오븐에서 조심스럽게 꺼내서 반죽의 윗부분만 칼로 가장자리를 자르듯이 그어 칼집을 넣는다. 윗면만 색이 나고 속은 반죽 상태라 움직이면 반죽이 출렁거리므로 오븐에서 조심스럽게 꺼냈다가 넣는다.

10. 칼집을 넣은 다음은 약 160℃로 온도를 내려서 40~50분 정도 상태를 보아가면서 낮은 온도에서 천천히 굽는다.

11. 윗면에 진한 갈색이 나면 사진처럼 스텐바트나 쿠킹호일 등을 덮어서 타지 않도록 한 다음, 속까지 충분히 익을 때까지 천천히 구워준다. 꼬치로 테스트를 하거나 손으로 살짝 눌러봐서 속까지 잘 익었는지 확인한다. 천천히 오랫동안 구우면 진한 갈색 부분이 먹음직스럽게 구워지고 위아래의 갈색 껍질 부분이 두꺼워진다.

12. 다 구워지면 버터(바르는 용도)를 적당량 바른 테프론시트지 위에 카스텔라를 뒤집어서 유산지를 떼지 않고 식힌다.

13. 완전히 식기 전에 유산지를 떼고 랩으로 싼 다음 밀폐용기에 넣어 냉장 보관하면서 먹으면 된다(여름에는 곰팡이가 잘 생기므로 꼭 냉장고에 보관하도록 한다).

14. 선물용으로 만든 경우에는 밀폐용기에 넣어 냉장고에 하룻밤 정도 두었다가, 다음날 가장자리 부분을 빵칼로 자른다. OPP비닐 등으로 포장하고 찌그러지지 않도록 단단한 박스에 넣어 선물한다.

하나 더! – 말차 벌꿀 카스텔라

추가 재료 : 말차가루 약 6g

말차 벌꿀 카스텔라를 만들 경우에는 5번 과정에서 박력분과 함께 말차가루 6g 정도를 같이 섞어 체 쳐준 다음 넣어주면 된다.

Comment :

카스텔라는 설탕, 밀가루, 달걀로 만든 스펀지케이크의 한 종류이지만 제품의 단면과 만드는 방법, 맛과 생김새 등 스펀지케이크와는 많은 차이가 있습니다. 카스텔라는 밑면이 뚫린 나무틀에 구워야 더 촉촉합니다. 일반 팬은 열이 빨리 전달되어 나무틀에서 굽는 것만큼 부드럽고 촉촉하게 구워지지 않습니다. 카스텔라는 약간 따뜻할 때 랩으로 싸서 보관하면 더 촉촉하게 즐길 수 있습니다. 설탕을 줄이게 되면 촉촉한 맛이 떨어지므로 설탕 양은 줄이지 않는 것이 좋습니다.

치즈 케이크

난이도 : ★★★
분량 : 지름 18cm 원형틀 1개분
재료 : 크림치즈 332g, 무염 버터 52g, 우유 40g, 분당 110g, 달걀노른자 80g,
　　　　박력분 26g, 레몬즙 20g
머랭 : 달걀흰자 160g, 설탕 32g
바닥 : 지름 18cm 두께 1cm 제누와즈 1장
도구 : 치즈 케이크틀, 유산지, 핸드믹서기, 거품기, 주걱, 스텐바트

재료 소개

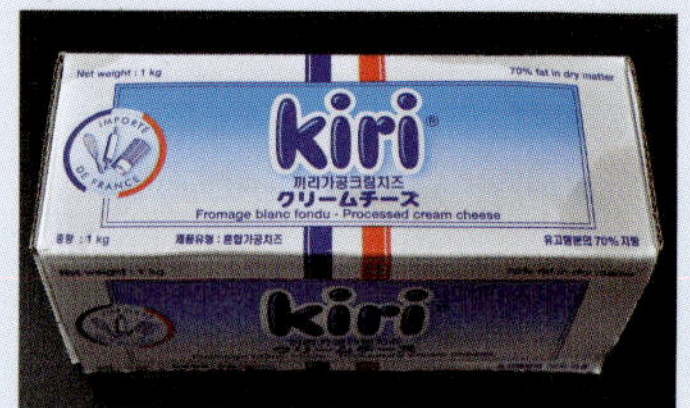

크림치즈는 숙성시키지 않은 프레쉬 치즈로, 부드럽고 맛이 담백하여 치즈 케이크를 만들 때 주로 사용합니다. 응고제를 첨가하지 않아 순수한 크림 고유의 맛이 살아있고, 고소한 맛과 부드러운 식감을 가지고 있습니다.

Comment :

입안에서 사르르 녹는 듯한 촉촉한 식감을 느낄 수 있는 치즈케이크입니다. 부드러운 맛과 폭신폭신한 식감으로 누구나 부담 없이 즐길 수 있습니다. 오븐팬에 물을 넣어 중탕으로 구워야 스팀으로 인해 케이크 내부 조직이 촉촉하고 부드러워집니다.

준비하기

1. 박력분은 2~3회 정도 미리 체 쳐둔다.

2. 크림치즈, 버터는 미리 냉장고에서 꺼내 30분~1시간 정도 실온에 두어 차가운 기가 없앤다.

3. 지름 18cm 제누와즈를 만들어 둔다(제누와즈 44쪽 참고).

4. 치즈케이크는 중탕으로 굽기 때문에 치즈케이크 전용틀에 굽는 것이 좋습니다. 일반 코팅틀에 구우면 수분으로 인해 틀에 손상이 갈 수 있으니 되도록 전용틀에 유산지를 깔고 구워주세요.

만드는 방법

1. 지름 18cm 원형 치즈 케이크틀에 유산지를 재단하여 깔고, 지름 18cm 두께로 1cm 제누와즈를 잘라서 1장 깔아둔다.

2. 볼에 크림치즈를 넣고 주걱으로 풀어주듯 반죽해서 부드럽게 한다.

3. 우유를 전자레인지에 80℃ 정도로 데워서 크림치즈에 조금씩 부으며 섞는다. 넓은 볼에 약 70℃의 뜨거운 물을 넣고, 그 위에 볼을 대고 거품기로 섞어 크림치즈와 우유를 고루 섞어 준다.

4. 반죽이 매끈하게 되면 뜨거운 물에서 내리고 반죽에 버터를 넣고 섞는다(반죽의 온도가 따뜻할 때 재빨리 버터를 넣고 섞는다. 버터가 잘 녹지 않을 경우에는 다시 뜨거운 물에 올려 녹이도록 한다).

5. 분당을 넣고 섞은 후, 레몬즙을 조금씩 넣으며 섞는다(레몬즙을 한꺼번에 넣으면 덩어리가 생길 수 있으니 반드시 조금씩 넣으면서 섞는다).

6. 달걀노른자를 조금씩 넣으며 섞는다.

7. 박력분을 넣고 주걱으로 바닥에서 끌어올리듯이 섞는다.

8. 반죽을 체에 내린다.

9. 다른 볼에 달걀흰자와 설탕을 넣고 핸드믹서기로 섞어서 머랭을 만든다 (머랭 31쪽 참고).

10. 약 20cm 정도 높이에서 머랭을 떨어트렸을 때 늘어지듯이 떨어질 정도로만 거품을 낸다.

11. 반죽에 머랭을 한 번에 넣고 주걱으로 바닥에서 크게 끌어올리듯이 재빠르게 섞는다.

12. 잘 섞은 반죽은 광택이 난다.

13. 제누와즈를 깔아 둔 틀에 반죽을 붓는다.

14. 반죽의 윗면을 평평하게 정리한다.

15. 중탕에 사용하는 스텐바트에 행주를 펴고 반죽이 담긴 틀을 중앙에 놓는다. 뜨거운 물(분량 외)을 틀의 반 높이까지 붓고, 미리 170℃로 예열한 오븐에서 약 40~50분 정도 굽는다(중탕물이 바닥나면 뜨거운 물을 부어 다시 채운다).

16. 다 구워지면 틀 채로 식힘망에 올리고 틀의 열이 완전히 식을 때까지 둔다. 반죽이 부드러워 따뜻한 상태로 틀에서 분리하면 무너지므로 주의한다. 다 식은 치즈 케이크는 밀폐용기에 넣어 냉장보관한다.

하나 더!

바닥 : 통밀쿠키 35g, 아몬드가루 45g, 녹인 무염 버터 25g

제누와즈를 1장 깔아서 바닥으로 사용하는 방법 외에 통밀쿠키를 이용해서 바닥으로 하는 방법도 있다. 폭신하고 부드러운 스폰지케이크와 달리 통밀쿠키를 이용하면 고소한 맛을 느낄 수 있다.

1. 통밀쿠키를 비닐에 넣고 손으로 곱게 부순다. 믹서기에 갈아도 좋다.

2. 볼에 아몬드가루를 넣고 체친다. 곱게 부순 통밀쿠키를 넣고 주걱으로 섞는다.

3. 버터를 전자레인지에 넣어 몇 초간 녹인 후 볼에 조금씩 넣으면서 주걱으로 포실포실하게 섞는다.

4. 유산지를 깐 틀에 반죽 넣고 컵이나 감자 으깨기를 이용해 살짝 눌러 평평하게 해둔다.

딸기 생크림 케이크

난이도 : ★★★★

분량 : 18cm×18cm(가로×세로) 사각형 케이크 1개
재료 : 19cm×19cm 사각형 제누와즈
재료A : 생크림 180g, 설탕 20g, 커스터드 크림 200g
재료B : 생크림 150g, 설탕 15g
시럽 : 물 100g, 설탕 50g
장식 : 딸기 · 블루베리 · 냉동 레드커런트 적당량
도구 : 핸드믹서기, 생토노레 깍지, 짤주머니, 붓, 스패튤라, 주걱

준비하기

1. 19cm×19cm 사각형 제누와즈를 준비한다(제누와즈 44쪽 참고).

2. 커스터드 크림을 미리 만들어서 차 갑게 보관한다(커스터드 크림 40쪽 참고).

3. 물과 설탕을 함께 끓이다가 설탕이 완전히 녹으면 불을 끄고 식혀 시 럽을 만든다.

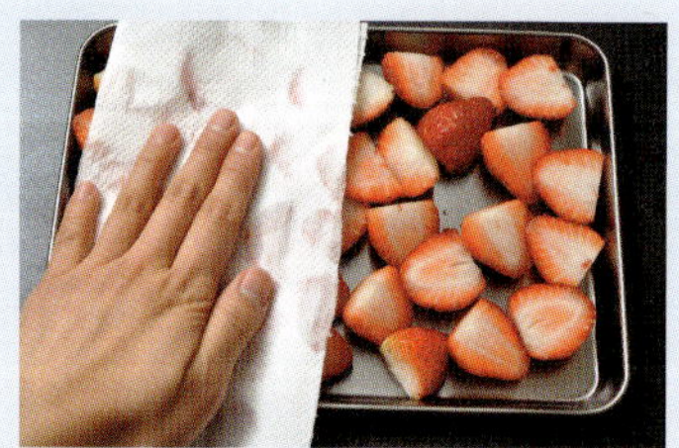

4. 딸기는 꼭지를 제거하고 반으로 잘 라 키친타월로 물기를 제거한다.

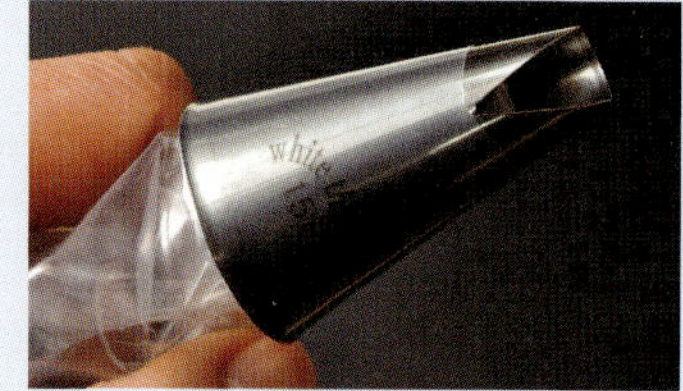

5. 생토노레 깍지를 짤주머니에 끼운다.

1. 준비한 커스터드 크림을 체에 한 번 내린 다음 주걱으로 매끈하게 푼다.

2. 재료A의 생크림과 설탕을 섞어 90% 거품을 낸다(생크림 휘핑 30쪽 참고).

3. 커스터드 크림에 생크림을 2~3회 나눠 넣으며 섞는다.

4. 생크림이 보이지 않을 정도로만 섞는 데, 이 때 거품이 나지 않도록 주의 한다.

5. 제누와즈 윗면에 색이 난 부분을 얇게 잘라내고, 2등분한다.

6. 2등분으로 자른 시트에 붓으로 시럽을 바른다.

7. 하나의 시트에 4의 크림을 스패튤라로 얇게 펴 바른다.

8. 제누와즈의 가장자리에 딸기를 한 줄 나열하는데, 꼭지를 자른 면이 바깥을 향하게 한다. 안쪽은 자유롭게 채운다.

Comment :
생일이나 특별한 날을 위한 딸기 생크림 케이크! 딸기가 제철일 때 맛있는 딸기를 듬뿍 넣어 만들어봤어요. 사각형으로 만들기 때문에 생크림을 예쁘게 발라야 한다는 부담이 적어 좋답니다.

9. 스패튤라를 사용해 4의 크림을 딸기 위에 얹고 딸기 사이사이를 메우듯이 골고루 바른다.

10. 나머지 시트를 올려 가볍게 누른다. 측면에 삐져나오는 크림은 스패튤라로 쓰다듬어 붙여준다.

11. 재료B의 생크림에 설탕을 섞어 80%로 거품을 낸다(생크림 휘핑 30쪽 참고). 시트 윗면에 생크림을 스패튤라로 한 번 바른 다음, 스패튤라 끝으로 모양을 낸다.

12. 남은 생크림은 사용 전까지 랩을 씌워 냉장고에 넣어둔다. 케이크는 냉장고에 1시간 정도 넣었다가 크림이 단단해지면 사변을 깔끔하게 자른다.

13. 남은 생크림은 생토노레 깍지를 끼운 짤주머니에 넣고, 깍지의 자른 면이 위를 향하게 해 케이크 위에 생크림을 자유롭게 짠다. 딸기, 블루베리, 냉동 레드커런트 등으로 장식한다.

PÂTISSERIE
PP
분리배출

고구마 케이크

난이도 : ★★★★

분량 : 지름 18cm 원형 케이크 1개

제누와즈 : 달걀 172g, 설탕 128g, 물엿 10g, 바닐라에센스 적당량, 무염 버터 30g,
　　　　　우유 45g, 박력분 112g

고구마 크림 : 호박고구마 500g, 무염 버터 20g, 꿀 30g, 생크림 190g, 커스터드 크림 150g

커스터드 크림 : 우유 250g, 바닐라빈 1/2개, 설탕 68g, 달걀노른자 60g, 박력분 23g

시럽 : 물 70g, 설탕 30g, 럼 10g

장식용 휘핑크림 : 생크림(유지방 45%) 약 300g

도구 : 원형무스틀(지름 18cm), 원형 깍지(지름 1.5cm), 짤주머니, 랩, 주걱

준비하기

1. 원형무스틀의 한쪽 면에 랩을 씌운다.

2. 제누와즈와 커스터드 크림을 미리 만든다(제누와즈 44쪽 참고, 커스티드 크림 40쪽 참고).

3. 고구마 크림에 들어가는 버터는 30분~1시간 정도 실온에 두어 차가운 기를 없앤다.

4. 물과 설탕을 함께 끓이다가 설탕이 완전히 녹으면 식힌 후, 럼을 넣어 시럽을 만든다.

Comment :

속이 노란 제철 호박 고구마를 사용하면 더욱 맛있게 즐길 수 있어요. 만드는 데 손이 많이 가서 망설여지신다면, 손수 만든 케이크를 선물로 받고 감동받을 사람을 떠올리며 도전해보는 건 어떠세요?

1. 고구마는 깨끗이 씻어 냄비에 찌거나, 오븐 철판에 약간의 물을 붓고 미리 약 200℃로 예열한 오븐에서 젓가락으로 찔렀을 때 쏙 들어가는 정도로 찐다. 뜨거울 때 껍질을 벗겨 으깬다.

2. 버터를 넣고 골고루 섞는다. 고구마가 식으면 버터가 겉돌기 때문에 따뜻할 때 섞어야 한다.

3. 꿀을 넣는다.

4. 70~80%까지 휘핑한 생크림을 넣고 섞는다(생크림 휘핑 30쪽 참고).

5. 미리 만들어 둔 커스터드 크림을 다른 그릇에 담는다. 광택이 나고 매끈한 상태가 될 때까지 주걱으로 잘 풀어준 다음, 4와 섞어 고구마크림을 완성한다.

6. 제누와즈(지름 18cm)는 빵칼을 사용하여 약 1.2cm 두께로 3등분한다. 제누와즈의 갈색면은 잘라냈기 때문에 노란 시트 부분만 남는다. 이 중 2개 시트는 케이크에 사용하고 나머지 시트 1개는 가루로 만들어 케이크 겉면에 장식으로 사용한다.

7. 제누와즈 시트 1개를 랩을 씌운 원형 무스틀 안에 넣고 시럽을 촉촉하게 바른다.

8. 그 위에 고구마 크림 절반을 넣고 윗면을 평평하게 만든다.

9. 제누와즈 시트 1장을 더 올리고 살짝 눌러준 다음 다시 시럽을 바르고 남은 고구마 크림을 채워 평평하게 만든다. 그 후 냉동실에서 3~4시간 동안 단단하게 굳힌다.

10. 남은 1장의 제누와즈를 체에 내려 고운 가루 상태로 만든다. 굵은 체에 손바닥으로 비벼 내리면 곱게 걸러진다.

11. 굳혀진 케이크는 틀과 분리한다. 케이크를 실온에 잠시 두었다가 뜨거운 행주로 틀을 감싸고 살살 흔들어주면서 위로 올리면 분리하기 쉽다.

12. 생크림 약 300g을 거품 낸다. 거품기로 들어 올렸을 때 거품기 끝에 붙어있는 생크림의 끝이 살짝 뾰족하게 생기는 정도(70~80%)로 휘핑해서 겉면에 고르게 바른다.

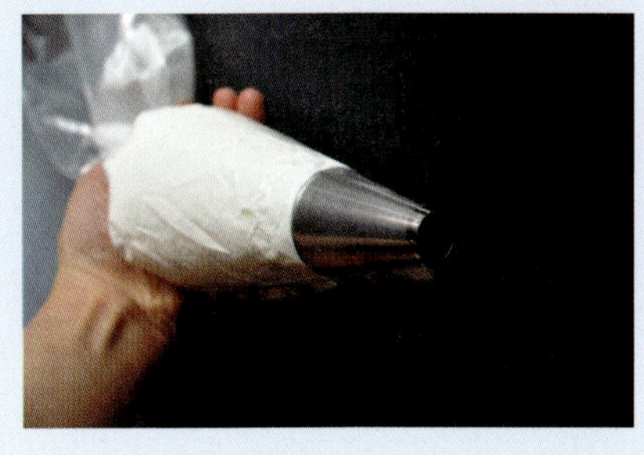 

13. 남은 생크림은 원형 깍지를 낀 짤주머니에 넣는다.

14. 케이크 윗면의 가장자리를 따라 물방울 모양으로 크림을 짠다. 중앙에 큰 원형으로 짜주어 장식한다.

15. 체에 내린 10의 제누와즈 가루를 표면 전체에 뿌린다. 옆면은 손으로 살짝 누르듯이 붙여 마무리한다.

딸기 샤를로트 케이크

분량 : 지름 15cm 샤를로트 1개
재료 : 비스퀴 아 라 퀴이에르 1대분
무스 : 딸기(꼭지 제거한 무게) 150g, 판젤라틴 4g, 이탈리안 머랭 38g, 생크림 150g,
　　　냉동 딸기 60g
장식 : 분당 적당량, 리본
도구 : 무스링(지름 15cm, 높이 5cm), 핸드믹서기, 거품기, 스텐바트, 분당체

Comment :

가볍고 폭신폭신한 식감의 비스퀴 아
라 퀴이에르 속에 아이스크림 같은 딸
기무스를 채웠어요. 샤를로트는 리본
이나 레이스를 단 '부인용 모자' 라는
의미를 가지고 있어, 비스퀴에 리본을
감아 장식하기도 해요. 딸기무스의 수
분이 점점 비스퀴에 스며들어 가기 때
문에, 케이크를 만든 직후가 가장 맛있
어요. 밀폐용기에 넣어 냉장고에 두면
이틀 정도 보관이 가능해요.

1. 판젤라틴을 얼음물(분량 외)에 5분 정도 불린다.

2. 딸기를 깨끗이 씻어 물기를 제거하고 꼭지를 떼서 갈아둔다.

3. 냉동 딸기는 밀대 등으로 작게 부순 다음, 냉동 보관한다.

4. 이탈리안 머랭을 만들어 38g만 사용한다(머랭 31쪽 참고).

5. 비스퀴 아 라 퀴이에르를 만든다(비스퀴 아 라 퀴이에르 48쪽 참고).

만드는 방법

1. 세로로 짜서 구운 비스퀴를 무스링 높이에 맞게 자른다.

2. 무스링 안쪽에 비스퀴를 빈틈없이 두르고 남는 부분은 잘라낸다.

3. 소용돌이 모양의 비스퀴를 무스링 바닥 크기에 맞춰 자른 후 깐다.

4. 갈아둔 딸기의 1/3을 볼에 담는다. 전자레인지에 살짝 데운 후 물기를 짠 판젤라틴을 넣고 거품기로 저으면서 녹인다.

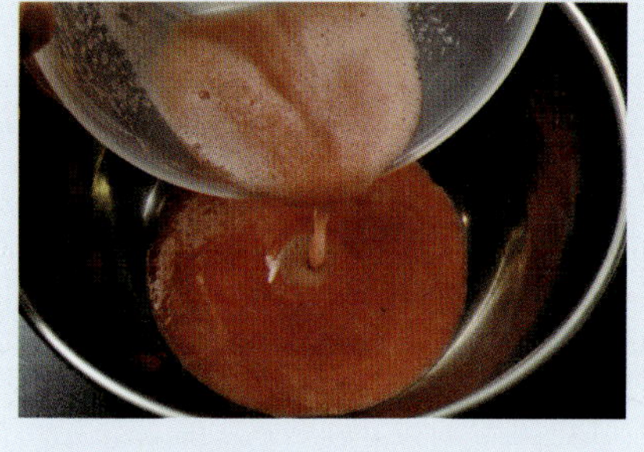

5. 나머지 갈아둔 딸기에 4를 넣고 거품기로 섞는다.

6. 부순 냉동 딸기를 넣는다.

7. 생크림은 뿔이 서기 전까지 핸드믹서기로 거품을 낸 다음 이탈리안 머랭을 넣고 섞는다(휘핑크림 30쪽 참고).

8. 7을 조금만 떠서 6에 넣고 거품기로 가볍게 젓는다.

9. 남은 7을 전부 8에 넣고 거품기로 섞어 딸기무스를 완성한다.

10. 비스퀴를 깔아둔 무스링에 완성된 딸기무스를 붓는다(스텐바트를 깔면 이동할 때 좋다).

11. 꽃모양으로 만든 비스퀴에 딸기무스를 소량 바른다.

12. 꽃모양으로 만든 비스퀴로 무스링을 덮고 냉장고에서 약 1시간 동안 굳힌다. 손으로 비스퀴 바닥을 들어 지탱하고 무스링을 아래로 분리한다.

13. 분당(장식용)을 체에 내려 뿌린다. 리본으로 장식해도 좋다.

순 롤케이크

난이도 : ★★★★
분량 : 28cm×28cm 롤케이크 1개분
재료 : 달걀 200g, 바닐라오일 적당량, 설탕A 114g, 박력분 63g
크림 : 생크림 200g, 마스카포네치즈 40g, 설탕B 15g, 플레인 요구르트 60g
도구 : 28cm×28cm 롤케이크틀, 유산지, 핸드믹서기, 램, 스크래퍼, 주걱

준비하기

1. 박력분은 2~3회 정도 미리 체 쳐 둔다.

2. 달걀은 미리 냉장고에서 꺼내 30분 ~1시간 정도 실온에 두어 차가운 기를 없앤다.

3. 롤케이크 틀에 유산지나 테프론시 트지를 재단해서 깔아 둔다.

Comment :

재료는 간단하지만, 촉촉하고 부드러운 롤케이크입니다. 맛의 밸런스가 너무 무겁지도 않고 너무 가볍지도 않아 좋습니다. 심플하고 느끼하지 않아 누구나 좋아할 수 있는 대중적인 맛입니다. 차갑고 시원하게 먹는 것이 맛있고 살짝 얼려서 먹으면 아이스크림 같습니다. 여름에 살짝 얼려 먹어 보세요.

1. 마스카포네치즈를 볼에 넣어 주걱으로 풀고, 플레인 요구르트를 조금씩 넣으며 섞는다.

2. 다른 볼에 생크림과 설탕B를 넣고 핸드믹서기로 단단하게 거품 낸 다음 1을 넣고 섞는다. 랩을 씌워 냉장고에 사용 전까지 넣어둔다.

3. 볼에 달걀을 넣고 응어리가 없도록 핸드믹서기로 풀어 준 다음, 설탕A와 바닐라오일을 넣고 골고루 섞는다.

4. 60℃의 물에 중탕으로 3의 볼을 올리고, 핸드믹서기로 거품을 낸다.

5. 손으로 볼 바닥을 만져보았을 때 설탕이 만져지지 않으면 중탕에서 내리고, 하얗게 되어 광택이 날 때까지 핸드믹서기를 고속으로 해서 최대한 거품을 낸다.

6. 핸드믹서기에서 반죽을 떨어트렸을 때, 리본 모양으로 떨어져 그 자국이 잠시 남아있는 상태가 되는지 확인한다. 저속으로 바꿔 1분 정도 더 거품을 내어 기포를 균일하게 한다.

7. 박력분을 넣고 가루가 보이지 않도록 주걱으로 섞는다. 한 손으로 볼을 돌리며 바닥에서 끌어올리듯이 섞는다.

8. 주걱에서 반죽을 떨어트렸을 때, 천천히 떨어지고 그 자국이 금세 없어지는 상태가 되면 완성이다.

9. 롤케이크 틀에 반죽을 붓는다.

10. 스크래퍼로 반죽을 틀 구석구석까지 균일하게 퍼지도록 한다. 반죽 두께는 스크래퍼를 세워 눌러 확인할 수 있다.

11. 미리 180℃로 예열한 오븐에 넣어 10~12분 정도 굽는다(너무 오래 구우면 수분이 날아가 반죽이 건조해져 말았을 때 갈라질 수 있으니 주의).

12. 반죽 표면이 갈색이 되고 만져 보았을 때 탄력이 있으면 완성이다. 오븐에서 꺼내자마자 롤케이크틀을 바닥에 탕! 쳐주어 뜨거운 열기를 빠지게 해서 시트가 줄어드는 것을 막는다.

13. 롤케이크 틀에서 시트를 바로 분리하고 식힘망 위에 올린다.

14. 가장자리 유산지를 떼어낸다.

15. 시트 위에 유산지를 놓고 구운 갈색 면이 아래가 되도록 함께 뒤집어 준다.

16. 유산지를 벗긴다.

17. 시트가 마르지 않도록 다시 유산지를 덮어 완전히 식힌다.

18. 작업대에 유산지를 깐 다음 시트의 갈색면이 위로 가도록 놓는다. 만들어 둔 크림을 스패튤라로 고루 바른다.

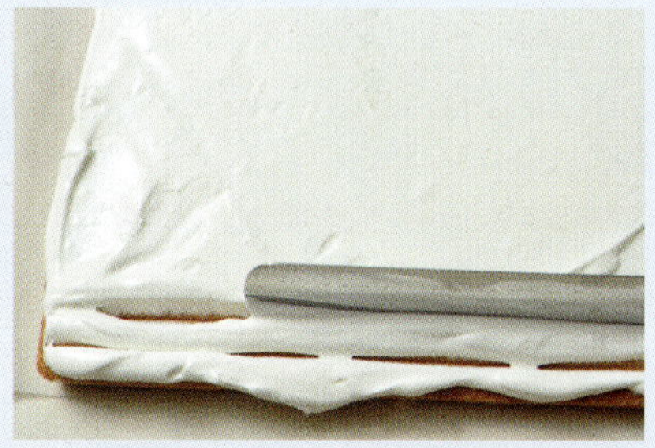

19. 쉽게 말기 위해 말기 시작하는 부분에서 1.5~2cm 되는 부분을 스패튤라로 길게 일자로 두 번 누른다.

20. 일정한 힘의 세기로 말아 준다.

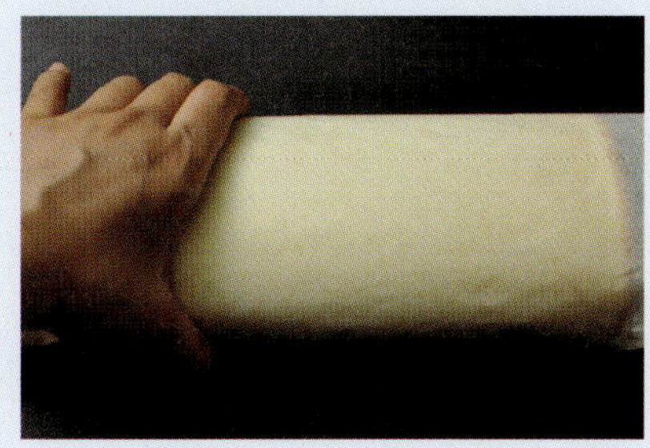

21. 말은 롤케이크는 냉장고에 2~3시간 정도 넣어 모양을 고정시킨다.

딸기 타르트

난이도 : ★★★
분량 : 10cm × 25cm 직사각형 타르트 1개
재료 : 타르트 시트 반죽 200~250g, 산딸기잼 적당량
프랑지판 크림 : 달걀 50g, 설탕 45g, 무염 버터 50g, 아몬드가루 50g, 박력분 9g,
　　　　　　　커스터드 크림 40g, 럼주 4g
디프로메트 크림 : 커스터드 크림 144g, 생크림 42g
장식 : 딸기 · 분당 적당량
도구 : 직사각형 타르트틀(10cm×25cm), 스텐바트, 짤주머니, 주걱, 거품기

준비하기

1. 타르트 시트 반죽을 타르트틀에 씌워 밀봉한 후, 냉장 보관한다(타르트 시트 52쪽 참고).

2. 커스터드 크림을 만든 후 냉장 보관한다(커스터드 크림 40쪽 참고)

3. 아몬드가루와 박력분을 섞어 2~3회 체친다.

4. 버터는 미리 냉장고에서 꺼내 30분~1시간 정도 실온에 두어 차가운 기를 없앤다.

5. 깨끗하게 씻은 딸기의 꼭지를 제거하고 세로로 자른 후, 키친타월 위에 올려서 물기를 뺀다.

1. 볼에 달걀을 풀어준 다음, 설탕을 넣고 섞는다. 중탕으로 달걀이 약 25℃가 될 때까지 거품기로 젓는다. 설탕이 녹으면 내린다.

2. 다른 볼에 버터를 풀어준 후, 아몬드가루와 박력분을 넣고 거품기로 섞는다.

3. 1을 2에 약 3회로 나눠 넣고 부드럽게 될 때까지 섞는다.

4. 다른 볼에 커스터드 크림(프랑지판 크림용) 40g을 넣고 풀어준 후 럼주를 섞는다.

5. 3에 4를 넣고 거품기로 섞어주면 프랑지판 크림이 완성된다.

6. 스텐바트에 프랑지판 크림을 담아 랩을 씌워 밀착시키고, 냉장고에서 2~3시간 휴지시킨다.

7. 짤주머니에 프랑지판 크림을 담은 후, 냉장 보관한 타르트 시트 반죽 위에 얇게 짠다.

8. 산딸기잼을 짤주머니에 적당량 넣어, 프랑지판 크림 위에 얇게 짠다(잼의 양이 많으면 단맛이 너무 강해지므로 얇게 짜주는 것이 좋다).

9. 나머지 프랑지판 크림을 짜서 잼을 덮는다.

10. 미리 170℃로 예열한 오븐에서 약 40분 정도 구운 뒤, 식힘망에 올려 완전히 식힌다.

11. 커스터드 크림(디프로메트 크림용) 144g을 풀어준다. 생크림을 3회 정도로 나누어 넣으면서 균일하게 섞으면 디프로메트 크림이 완성된다.

12. 디프로메트 크림을 짤주머니에 넣고, 타르트 윗면에 골고루 짠다.

13. 디프로메트 크림 위에 물기를 뺀 딸기를 올리고, 분당을 살짝 뿌려 장식한다.

Comment :

딸기가 나오는 봄철에는 꼭 딸기 타르트를 만들어 선물도 하고 먹기도 합니다. 새빨갛고 예쁜 딸기를 과일가게에서 보면 그냥 지나칠 수 없어 꼭 사곤 합니다. 딸기로 만들 수 있는 구움 과자가 너무 많기에 짧은 딸기철이 늘 아쉽습니다. 선물용으로도 너무나 좋은 달콤한 딸기 타르트입니다.

체리 소보로 타르트

난이도 : ★★★
분량 : 지름 19~20cm 원형 타르트 1개분
재료 : 타르트 시트 반죽 200~250g, 체리 콩포트 약 200~210g, 소보로 175g,
　　　분당 · 피스타치오(장식용) 적당량
필링 : 달걀 50g, 달걀노른자 20g, 설탕 50g, 박력분 15g, 아몬드가루 63g,
　　　녹인 무염 버터 45g
머랭 : 달걀흰자 30g, 설탕 12g
도구 : 원형 타르트틀(지름 19~20cm), 핸드믹서기, 거품기, 주걱

준비하기

1. 타르트 시트 반죽을 원형 타르트틀
   에 구워 식힌다(타르트 시트 52쪽
   참고)

2. 체리 콩포트의 씨를 뺀다(체리 콩
   포트 58쪽 참고)

3. 소보로를 준비한다(소보로 38쪽
   참고). 버터가 녹으면 모양이 변형되
   므로 사용 직전까지 냉장 보관한다.

4. 박력분, 아몬드가루는 섞어 2~3회
   체친다.

1. 달걀과 달걀노른자를 넣고 거품기로 풀어준 후 설탕을 넣는다.

2. 박력분과 아몬드가루를 넣고 섞는다.

3. 다른 볼에 달걀흰자와 설탕을 넣고 핸드믹서기로 머랭을 단단하게 만든다.

4. 머랭을 2에 넣고 주걱으로 섞는다.

5. 전자레인지에 몇 초간 돌려 녹인 버터를 주걱으로 받치면서 넣고 섞으면 필링이 완성된다.

6. 미리 구워서 식혀 둔 타르트 시트에 필링을 소량 바른다.

7. 씨를 제거한 체리 콩포트를 고루 올린다.

8. 나머지 필링을 골고루 펴 바르면서 체리 콩포트 위를 덮는다.

9. 소보로를 균일하게 올려 장식한다.

10. 미리 170℃로 예열한 오븐에서 40분 정도 굽는다.

11. 타르트틀에서 분리해 식힌 후 분당, 잘게 자른 피스타치오를 뿌려 장식해 마무리한다.

Comment :

잘 숙성된 체리 콩포트와 아몬드 크림, 머랭, 녹인 버터가 어우러진 크림으로 속을 채운 후 소보로를 올려 구워 다양한 맛을 한꺼번에 즐길 수 있는 타르트입니다. 체리가 저렴할 때 미리 사서 콩포트를 만들어 두면, 언제든지 베이킹 재료로 활용할 수 있답니다.

블루베리 크림치즈 타르트

난이도 : ★ ★ ★

분량 : 19~20cm×3cm(지름×높이) 원형 타르트 1개분
재료 : 타르트 시트 반죽 200~250g, 블루베리잼 적당량
필링 : 크림치즈 130g, 설탕 22~25g, 달걀 1개, 레몬즙 8g, 박력분 16g, 생크림 40g
크림 : 마스카포네치즈 200g, 분당 32g, 플레인 요구르트 60g, 판젤라틴 2g, 레몬즙 20g,
　　　 생크림 100g
장식 : 생 블루베리 약 300g, 애플민트 잎 적당량
도구 : 원형 타르트틀(지름 19~20cm), 거품기, 짤주머니, 분당체, 주걱

재료 소개

마스카포네치즈

우유에서 분리한 크림을 원료로 사용하여 만든 치즈. 치즈 특유의 향이 나지 않고 신선하고 섬세한 맛과 부드러운 감촉이 돋보인다. 아이보리색의 부드러운 버터 형태를 띠고 있는데, 농도가 진한 생크림 맛이 난다. 티라미수의 주재료로 사용되기도 하는 이 치즈는 홈베이킹 시 다양하게 활용 가능하며, 빵이나 크래커에 발라 먹어도 좋다.

1. 타르트 시트 반죽을 원형 타르트틀에 구워 식힌다(타르트
   시트 52쪽 참고).

2. 필링용 달걀과 크림치즈, 생크림은 미리 냉장고에서 꺼내
   30분~1시간 정도 실온에 두어 차가운 기를 없앤다.

3. 크림용 판젤라틴은 얼음물에서 5분 이상 불린다.

4. 블루베리는 씻은 후 물기를 뺀다.

필링 만들기

1. 볼에 크림치즈를 넣고 주걱으로 골고
   루 풀어 준 다음 설탕을 2~3회로 나
   누어 넣으며 섞는다.

2. 멍울 푼 달걀을 2~3회 나누어 넣고
   거품기로 섞는다.

3. 레몬즙을 넣고 거품기로 섞은 후, 박
   력분을 체에 내리고 가볍게 섞는다.

4. 생크림을 넣고 섞는다.

5. 미리 구워 둔 타르트 시트에 반죽을
   붓는다.

6. 미리 170℃로 예열한 오븐에서
   30~35분 정도 굽는다.

1. 볼에 마스카포네치즈를 넣고 풀어 준 후, 분당을 넣고 섞는다.

2. 플레인 요구르트를 전자레인지에 몇 초간 돌려 따뜻하게 한다. 불려 둔 판 젤라틴은 꼭 짜서 수분을 제거하여 넣고 녹인다. 레몬즙도 함께 섞는다.

3. 생크림을 단단하게 거품 내어 잠시 둔다.

4. 1에 2를 조금씩 넣으며 섞는다(너무 많이 섞으면 거품이 끈적거릴 수 있으므로 주의한다).

5. 단단하게 거품 낸 생크림을 넣고 섞으면 크림이 완성된다.

6. 미리 구워 둔 타르트 시트에 블루베리잼을 적당량 바른다.

7. 5의 크림을 돔 모양으로 올린다.

8. 블루베리를 듬뿍 올린다.

9. 애플민트 잎으로 장식한다.

Comment :

진한 맛의 마스카포네치즈와 블루베리가 입안에서 상큼하게 터지는 타르트입니다. 블루베리 타르트는 크림의 양이 많기 때문에 높이가 3cm인 타르트틀을 사용해서 타르트 시트를 구워주세요. 타르트 시트의 높이가 높으면 블루베리가 밑으로 잘 떨어지지 않아요. 애플민트 잎을 포인트로 장식하면 더욱 싱그러운 느낌이 납니다.

사과 타르트

난이도 : ★★★

분량 : 지름 19~20cm 원형 타르트 1개분

재료 : 타르트 시트 반죽 200~250g

아몬드 크림 : 무염 버터 45g, 바닐라빈 1/2개, 분당 45g, 달걀 36g, 아몬드가루 45g

필링 : 사과 320g(약 1개 반 정도), 건포도(설타나) 20g, 설탕 30g, 무염 버터 30g,
　　　레몬즙 30g, 시나몬가루 적당량

장식 : 사과 약 1개, 무염 버터 약 18~20g, 설탕 · 살구잼 · 물 · 피스타치오 적당량

도구 : 원형 타르트틀(지름 19~20cm), 짤주머니, 거품기, 주걱, 붓

준비하기

1. 타르트 시트 반죽을 원형 타르트틀
   에 구워 식힌다(타르트 시트 52쪽
   참고).

2. 아몬드크림용 버터와 달걀은 미리
   냉장고에서 꺼내 30분~1시간 정도
   실온에 두어 차가운 기를 없앤다.

3. 아몬드 크림용 아몬드가루를 2~3
   회 체친다.

Comment :

사과가 맛있는 계절이 되면 꼭 만들어
보시길 추천하는 타르트입니다. 타르트
에 이용하는 사과는 조금 작고 산미가
강한 홍옥이 맛있답니다. 마지막 장식
에서 살구잼을 너무 많이 바르면 사과
맛이 덜 느껴질 수 있으므로 주의해주
세요.

"

아몬드크림 만들기

1. 버터(아몬드 크림용)를 볼에 넣고 거품기로 고루 풀어준 다음, 바닐라빈 씨앗을 섞는다.

2. 분당을 넣고 섞는다.

3. 멍울 푼 달걀을 4회에 나누어 넣는다.

4. 아몬드가루를 넣은 후 고무주걱으로 균일하게 섞으면 아몬드 크림이 완성된다.

만드는 방법

1. 사과는 4등분한 후, 껍질을 벗기고 심을 제거한다. 1.5mm 폭으로 얇게 자른다.

2. 필링 재료를 모두 냄비에 넣고 중불로 가열한다.

3. 수분이 나오기 시작하면 실리콘 주걱으로 수분을 날리듯이 섞으며 익힌다.

4. 연갈색으로 변하면 약불로 바꿔 재료들이 뭉그러질 때까지 주걱으로 계속해서 볶아준다. 수분이 사라지고 진한 갈색이 되면 불을 끄고 식힌다.

5. 아몬드 크림을 짤주머니에 담은 다음, 준비해 둔 타르트 시트에 골고루 짠다.

6. 식혀둔 졸인 사과를 펼치듯이 올린다.

7. 사과(장식용)의 껍질을 벗긴 후, 2등분으로 자르고 심을 제거한다. 2mm 폭으로 얇게 자른다.

8. 사과를 조금씩 겹쳐 올리는데, 사과가 타르트 시트를 덮지 않는 것이 보기에 좋다.

10. 장식용 버터를 녹이고 붓으로 골고루 바른 후, 설탕을 적당량 뿌린다.

11. 미리 170~180℃로 예열한 오븐에서 40분 정도 굽는다.

12. 살구잼과 물을 섞어 살짝 끓인 다음, 타르트 윗면에 발라준다. 잘게 자른 피스
타치오를 뿌려 장식한다.

밤(마롱) 타르트

난이도 : ★★★
분량 : 지름 19~20cm 원형 타르트틀 1개분
재료 : 타르트 시트 반죽 200~250g, 밤 콩포트 약 25~30개
다쿠아즈 : 달걀흰자 50g, 설탕 25g, 아몬드가루 75g, 분당 75g
밤 크림 : 밤 페이스트 205g, 생크림 30g, 달걀 53g
장식 : 분당 · 슬라이스 아몬드 적당량
도구 : 원형 타르트틀(지름 19~20cm), 핸드믹서기, 원형 깍지, 짤주머니, 분당체, 주걱

준비하기

1. 타르트 시트 반죽을 원형 타르트틀에 구워 식힌다(타르트 시트 52쪽 참고)

2. 밤 콩포트를 갈아서 밤 페이스트를 준비한다(밤 콩포트 60쪽 참고).

3. 다쿠아즈용 아몬드가루, 분당은 섞어서 2~3회 체친다.

4. 밤 크림용 달걀은 사용 직전에 멍울을 푼다.

5. 60쪽을 보고 만들어 냉동 보관해 둔 밤 콩포트는 작업 하루 전에 냉장고에서 해동해서 사용한다.

Comment :

다쿠아즈의 바삭한 식감과 가득 채워져 있는 밤 크림과 절인 밤이 잘 어울리는 타르트예요. 시중에서 판매하는 밤 절임과 밤 페이스트를 사용하기보다는 제철 밤으로 직접 만들어보세요. 단 맛이 강하지 않은 은은한 밤의 맛과 향을 즐길 수 있어요.

만드는 방법

1. 밤 페이스트를 풀어준 후, 생크림을 조금씩 넣으면서 덩어리지지 않도록 잘 섞는다.

2. 멍울 푼 달걀을 조금씩 넣으면서 섞어 밤 크림을 만든다.

3. 미리 구워 둔 타르트 시트에 밤크림을 골고루 넣는다.

4. 밤 콩포트를 빼곡하게 올린다.

5. 다쿠아즈 반죽을 만든다. 수분이나 기름기가 묻어 있지 않은 볼에 달걀 흰자를 넣고 핸드믹서기로 풀어 준 다음, 준비한 설탕의 1/2을 넣고 중속으로 거품을 낸다.

6. 나머지 설탕을 모두 넣고 거품을 낸다. 각이 설 정도로 단단하게 거품을 내야 한다. 결을 촘촘하게 하여, 탄력 있고 광택이 나는 상태의 머랭을 만든다.

7. 체 쳐둔 아몬드가루와 분당을 넣고, 주걱으로 자르듯이 섞는다.

8. 지름 1.2cm 원형 깍지를 끼운 짤주머니에 다쿠아즈 반죽을 넣고 4의 윗면에 소용돌이 모양으로 짠다.

9. 슬라이스 아몬드를 뿌린다.

10. 분당체로 분당을 듬뿍 뿌려 장식한다.

11. 미리 170~180℃로 예열한 오븐에서 40~50분 정도 굽는다.

서양배 타르트

난이도 : ★ ★ ★
분량 : 지름 19~20cm 원형 타르트틀 1개분
재료 : 타르트 시트 반죽 200~250g, 서양배(통조림) 약 400g
아몬드 크림 : 무염 버터 100g, 분당 100g, 달걀 100g, 소금 · 바닐라에센스 적당량,
　　　　　　 아몬드가루 100g, 탈지분유 20g, 코코아가루 8g
장식 : 나파주 · 피스타치오 · 분당 적당량
도구 : 원형 타르트틀(지름 19~20cm), 핸드믹서기, 짤주머니, 스크래퍼, 주걱

재료 소개

서양배 통조림
완숙 서양배는 시중에서 구하기가 어렵기 때문에, 시럽에 담긴 절반으로 슬라이스 된 서양배 통조림을 사용했습니다.

Comment :

일반적으로 서양배 타르트는 아몬드 크림으로 필링을 채우는데, 코코아가루를 넣어 달콤 쌉싸름한 맛이 나는 아몬드 크림을 더해봤어요. 2가지 필링으로 채워 맛의 재미가 느껴진답니다. 서양배가 생소하게 들릴 수 있지만, 아몬드 크림과 부드럽게 어우러지는 재료이기 때문에 타르트에 많이 사용돼요.

2. 아몬드크림용 버터와 달걀은 미리 냉장고에서 꺼내 30분 ~1시간 정도 실온에 두어 차가운 기를 없앤다. 달걀은 사용하기 직전에 멍울을 푼다.

3. 아몬드 크림용 아몬드가루, 탈지분유를 섞어서 2~3회 체 친다(탈지분유는 생략 가능하다).

4. 아몬드 크림용 코코아가루는 따로 계량해서 체친다.

1. 타르트 시트 반죽을 원형 타르트틀에 구운 뒤, 사용 직전 까지 냉장 보관한다(타르트 시트 52쪽 참고).

만드는 방법

1. 서양배를 얇게 슬라이스 한 다음 키 친타월 위에 올려 물기를 뺀다.

2. 볼에 버터를 넣고 주걱으로 골고루 풀어준 다음 분당을 섞는다.

3. 멍울 푼 달걀에 소금과 바닐라에센스 를 섞은 후, 2에 조금씩 넣으며 핸드 믹서기 저속으로 섞는다.

4. 아몬드가루, 탈지분유를 섞어 아몬드 크림을 완성한다.

5. 랩으로 씌워 밀봉한 후, 냉장고에서 하룻밤 휴지시킨다.

6. 아몬드 크림의 반은 짤주머니에 담 고, 나머지 반은 다른 볼에 담는다.

7. 볼에 담은 아몬드 크림에 체친 코코 아가루를 넣고 주걱으로 섞는다.

8. 코코아가루를 넣은 아몬드 크림도 짤 주머니에 담아 준비한다.

9. 준비해 둔 타르트 시트 위에 코코아가루를 넣은 아몬드크림을 바깥쪽에서 안쪽으로 소용돌이 모양으로 짠다.

10. 코코아가루를 넣지 않은 아몬드 크림도 같은 모양으로 짠다.

11. 물기를 뺀 서양배로 장식한다(스크래퍼를 사용하여 옮기면 서양배의 모양이 흐트러지지 않는다).

12. 미리 170℃로 예열한 오븐에서 약 50분 정도 굽는다.

13. 나파주를 바른 뒤 가장자리에 분당을 살짝 뿌린다. 피스타치오로 장식한다.

타르트 플러스 레시피 – 바닐라 쿠키

난이도 : ★
재료 : 타르트 시트 반죽 적당량, 덧가루(강력분) 적당량
도구 : 쿠키커터, 테프론시트지, 밀대

준비하기

1. 쿠키커터를 준비한다.

Comment :

타르트 시트를 만들고 남은 반죽은 쿠키
로 구울 수 있어요. 다양한 쿠키커터를
사용해 바닐라 쿠키를 만들어 보세요.

1. 타르트 시트를 만들고 남은 반죽을 한 덩어리로 뭉쳐 비닐에 담은 뒤, 단단하게 될 때까지 냉장보관한다.

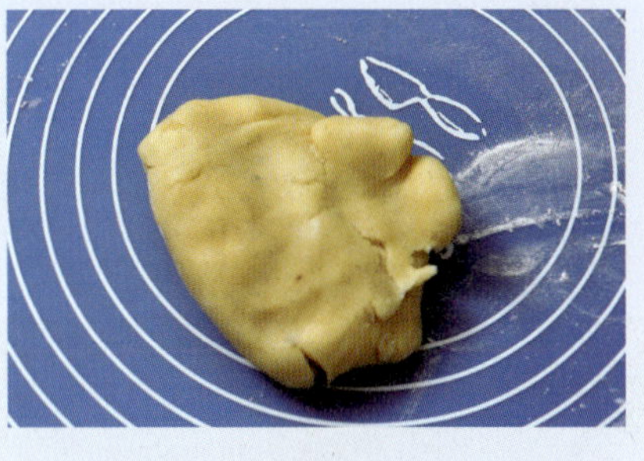

2. 작업대에 덧가루(강력분) 적당량을 뿌린 뒤, 반죽을 올린다.

3. 적당한 두께가 될 때까지 밀대로 민다.

4. 쿠키커터에 덧가루를 묻힌 다음, 탁탁 털어준다.

5. 쿠키커터를 반죽에 찍어 모양을 만든다.

6. 테프론시트지 혹은 유산지 깐 오븐팬에 적당한 간격을 두고 나열한다.

7. 미리 170℃로 예열한 오븐에서 쿠키 색을 확인하면서 15~20분 정도 굽는다.

양파 키쉬

난이도 : ★★★
분량 : 10cm×25cm 직사각형 타르트 1개분
재료 : 키쉬 시트 반죽 약 350~400g, 달걀노른자 1개, 파슬리가루 적당량
재료A : 달걀 38g, 생크림 76g, 우유 76g, 에담치즈 갈은 것 20g, 소금·후추 적당량
재료B : 베이컨 1~2장, 양파 1개, 무염 버터 10g, 월계수잎 2장, 소금 적당량
도구 : 직사각형 타르트틀(10cm×25cm), 치즈 강판, 스텐바트, 짤주머니, 붓, 거품기

재료 소개

1. 치즈 강판으로 에담치즈를 갈아 둔다.

2. 키쉬 시트 반죽을 타르트틀에 굽고
   틀과 분리하지 않은 채 식힌다(키
   쉬 시트 반죽 56쪽 참고).

Comment :

키쉬는 프랑스 전통 요리로 파이 모양
에 여러 가지 재료로 만든 달걀물을
넣은, 오믈렛과 비슷한 요리예요. 브런
치 메뉴로도 좋고, 아이들 간식거리로
도 안성맞춤이랍니다. 양파 이외에도
햄, 버섯, 브로콜리, 감자, 시금치 등
기호에 따라 토핑 재료를 달리하면 다
양한 스타일의 키쉬를 만들 수 있어요.

1. 멍울을 푼 달걀노른자를 키쉬 시트에 꼼꼼히 바른다.

2. 미리 180℃로 예열한 오븐에 1분 간 넣었다가 꺼낸다(키쉬 시트에 달걀노른자 코팅을 입힌 후 건조시키면, 토핑 재료들의 수분으로 인해 시트가 눅눅해지는 현상을 막는다).

3. 재료A를 순서대로 섞는다. 볼에 달걀을 넣고 거품기로 멍울을 풀어 준 다음 생크림, 우유를 넣고 거품기로 섞고 체에 한 번 거른다.

4. 에담치즈 갈은 것을 넣어 섞고 소금과 후추로 간을 맞춘다. 랩을 씌워 사용 직전까지 냉장보관한다.

5. 약불로 베이컨을 가볍게 볶은 다음, 적당한 크기로 잘라 키친타월에 올린다.

6. 양파는 얇게 슬라이스 한다. 프라이팬에 양파, 버터, 월계수잎을 함께 넣고 중불로 볶는다.

7. 중간에 약불로 바꿔, 갈색으로 변할 때까지 30~40분 정도 볶는데, 종종 저어주어야 한다. 볶다가 탈 것 같으면 물(분량 외)을 조금씩 넣어주어도 좋다.

8. 양파가 잘 볶아졌으면 소금으로 간을 하고 스텐바트에 펼쳐 식혀준다. 월계수잎은 제거한다.

9. 2의 키쉬 시트에 베이컨과 양파를 고루 깐다.

10. 4를 붓고 파슬리가루를 뿌린다.

11. 미리 170℃로 예열한 오븐에서 약 40분 동안 굽는다.

꼼꼼한 홈베이킹

발 행 일	2023년 1월 20일
초 판 8 쇄	2022년 12월 06일
초판인쇄일	2015년 9월 22일

발 행 인	박영일
책임편집	이해욱

지 은 이	박정미
편집진행	강현아
표지디자인	박수영
본문디자인	안시영

공 급 처	(주)시대고시기획
발 행 처	시대인
출판등록	제10-1521호
주 소	서울시 마포구 큰우물로 75[도화동 538번지 성지B/D] 6F
대표전화	1600-3600
팩 스	02-701-8823
홈페이지	www.sdedu.co.kr

I S B N   979-11-254-1675-3 [13590]

마이 프라이빗 캔버스 시리즈

누구나 쉽게 다가갈 수 있는 시대인의 미술도서 시리즈

My Private Canvas Series

컬러링
4 SEASONS

누구나 손쉽게 마이
팝아트

사월의
손그림일러스트

사월의
드로잉 노트

레이스 키리에
비밀의 숲 속 동물원

윤꽃의
사계절
감성 수채화

심플하고 편리한 생활을 꿈꾸는 엄마들을 위한

쉽고, 재미있고, 나에게 꼭 필요한 DIY 책을 만들겠다는 마음으로 탄생한 The 쉬운 DIY 시리즈.
최고의 도서보다는 재미있는 DIY를 즐길 수 있는 책으로 여러분에게 찾아 갑니다.

엄마와 아이의
달콤추억 만들기 프로젝트!

엄마와 아이
그리고 **커플 옷**

손재주나 감각이
없어도 OK!

셀프 홈
인테리어 가이드

사랑하는 강아지를 위한
데일리룩 제안!

도리엔의
강아지 옷 만들기

한 땀 한 땀,
아기를 기다리며 채워자는

태교 바느질,
엄마의 시간

역사를 배우며 커가는
우리 아이를 위한

우리나라
문화재 북아트

재 손에서 피어나는
클레이 아트

클레이플라워
Clay flower

자연이 준 건강한 선물

생활 속
아로마테라피

같은 공간
다른 홈 디자인

두 여자의
셀프 인테리어